高等院校艺术设计专业精品系列教材
"互联网 +"新形态立体化教学资源特色教材

U0825659

图形语言

Graphic Language

谢崇桥　吕静琳　编著

中国轻工业出版社

图书在版编目（CIP）数据

图形语言／谢崇桥，吕静琳编著．—北京：中国轻工业出版社，2024.9

ISBN 978-7-5184-4837-1

Ⅰ. ①图… Ⅱ. ①谢… ②吕… Ⅲ. ①图形语言 Ⅳ. ①TP312

中国国家版本馆CIP数据核字（2024）第044065号

责任编辑：毛旭林

文字编辑：梁若水　　责任终审：劳国强　　设计制作：锋尚设计

策划编辑：毛旭林　　责任校对：晋　洁　　责任监印：张　可

出版发行：中国轻工业出版社（北京鲁谷东街5号，邮编：100040）

印　　刷：艺堂印刷（天津）有限公司

经　　销：各地新华书店

版　　次：2024年9月第1版第1次印刷

开　　本：870×1140　1/16　印张：9.25

字　　数：260千字

书　　号：ISBN 978-7-5184-4837-1　定价：59.80元

邮购电话：010-85119873

发行电话：010-85119832　010-85119912

网　　址：http://www.chlip.com.cn

Email：club@chlip.com.cn

230735J1X101ZBW

前言

“图形语言”在高校课程中一般也被设置为“图形设计”，这是视觉传达设计专业必修的一门基础课程，在艺术设计学科的教学体系中具有重要的作用。图形设计课程设置在“三大构成”之后，此时学生通过系统学习掌握了平面构成、色彩构成与立体构成的基本原理和表现形式，已经具备了一定的艺术设计基本知识与实践技能。因此本书的教学目的是基于此前的学习内容，进一步培养学生的创造性思维，掌握图形设计的主要规律与表达方法，为后续的专业课程学习做好准备。

在信息时代，图形对促进人与人的沟通与交流具有特别重要的意义。图形语言能够跨越种族与文化的差异，进行信息的有效传达。当今社会也被称作“读图时代”，从平面招贴到动态屏幕，从日用产品到交通工具，从传统绘画到虚拟艺术等，都离不开图形语言。可以说，图形在人的生产和生活中占据着重要的位置。

本书将“图形语言”相关理论与教学实践紧密结合，在教学内容上同时关注理论学习与思维创新，激发学生的创意潜能，注重课程思政教育，将传统文化和人文精神融入课堂。本书在教学进程的设置上采用从基础理论到创意实践这样循序渐进的方法：一方面列举大量艺术史上的经典案例，立足传统文化，以大师的视角学习创作思路；另一方面注重面向未来，培养学生的创新意识和思维能力。设计是一门注重创新的学科，本书结合了近年来在国际国内各大著名设计比赛、展览、活动中的作品，紧跟设计更新的速度，便于读者在学习经典的同时了解设计的新趋势，夯实基础与注重创新并行。同时从多角度设置训练课题，列举在校生在课堂中的创作实践，有利于拓宽学生的设计视野，丰富设计形式。

总的来说，本书涵盖了图形语言的概念认知、结构分析、思维训练和实践与应用，构成了一个思维到实践较为全面的学习体系，并在多处内容中展现出独特的教学视角。

教材是学校教育教学、推进立德树人的关键要素，是国家意志和社会主义核心价值观的集中体现。本教材在遵循学科特点和教育教学规律的基础上，致力于充分发挥教材铸魂育人的功能，本着促进艺术类专业学生德艺兼修的出发点，在教学内容中重点提炼了相关思政训练项目，帮助读者在专业学习过程中更好地继承和弘扬中华优秀传统文化。希望本教材能够成为设计类专业的实用好教材，为广大师生提供有益的参考与借鉴。

特别感谢首都师范大学美术学院视觉传达设计系的同学为本书提供的大量案例，感谢视觉传达设计系的研究生焦颖、屈郑茹、刘荇、谭漪淇、潘文芳、张卓茜、李舒雯、黄雨萌、芮嘉晨、马伟会、郑存超等同学为本书编写提供的帮助。本书的编写虽然付出了很多努力，但因作者能力所限，不足之处仍然难免，敬请老师与同学们批评指正。

课时安排

（共64课时）

章节	课程内容	课时
第一章 图形语言概述	第一节 图形及图形语言	2课时
	第二节 图形语言的生理心理基础	
	第三节 图形语言的种类	
	第四节 图形语言的特点	
第二章 图形语言的历史溯源	第一节 中国传统艺术中的图形语言	2课时
	第二节 西方现代艺术理论对图形语言的影响	
	第三节 其他学科理论对图形语言的影响	
第三章 图形语言要素与组织结构	第一节 图形语言要素	4课时
	第二节 图形与编排	
	第三节 图形与空间	
	第四节 图形与运动	
第四章 图形思维类型及创意方法	第一节 创造性思维的类型及其特征	12课时
	第二节 图形创意思维方法	
第五章 图形构造法则	第一节 同构	16课时
	第二节 异变	
	第三节 异影	
	第四节 正负形	
	第五节 矛盾空间	
第六章 图形设计主题实践	第一节 从形到形的基本训练	16课时
	第二节 图形与意义关系的表达训练	
	第三节 从意义到概念的系统化训练	
第七章 图形的表现手法	第一节 应用笔法及笔触	8课时
	第二节 变化空间维度	
	第三节 制造肌理	
	第四节 添加装饰	
第八章 图形语言的拓展和应用	第一节 图形语言在视觉传达设计中的应用	4课时
	第二节 图形语言在其他设计专业领域的应用	

目录

CHAPTER 1

第一章

图形语言概述

图形语言是设计中传达信息和情感的重要工具，本章通过四个小节对图形语言的相关概念进行介绍，其中包括图形及图形语言的基本概念、图形语言的种类及特点，并从生理及心理两个维度探讨视知觉与图形语言之间的密切关系，以科学的理论基础为依据，帮助读者更好地了解图形语言的视知觉规律，理解图形语言的表达和传达方式，为之后图形语言创造性思维方法的学习和运用打下基础。本章旨在使读者对图形语言具备初步了解，为后续的学习和实践提供必要基础，以便更好地理解和运用图形语言。

第一节　图形及图形语言

1. 图形及其分类

图形作为一种可视的艺术形态，其出现和传播过程与人类社会的发展史紧密相随，从原始人留在洞窟中的壁画、原始陶器表面的纹样到今天普遍流行的网络表情符号、动态图标等无不是图形涵盖的范畴。

“图形”在几何学中也是一个重要概念，指按照数学原理在二维空间用艺术或科学的方式描绘的物体形象。在几何学中，图形包括平面图形与立体图形。平面图形（图1-1-1）是指所有点都在同一视觉平面内的图形，如直线、三角形、平行四边形等都是基本的平面图形。而立体图形（图1-1-2）是各部分不在同一视觉平面内、由一个或多个面围成的三维图形，如长方体、圆柱体、圆锥体等。

图1-1-1 平面图形

图1-1-2 立体图形

根据造型活动中的形态类别不同，图形的形态也可以分为概念形态和现实形态。概念形态（图1-1-3）多指以抽象符号为主的点、线、面，又被称为“纯粹形态”。它是所有形态的基础，通过分割、叠加、扩大、缩小、变形等手段，可以制造出众多的形态。概念形态是现实形态的构成因素和初步表现。现实形态（图1-1-4、图1-1-5）是指人在日常生活中通过视觉、触觉能直接感知到的形态。它是存在于我们周围的一切物象的形态，包括“自然形态”和“人为形态”。自然形态是自然物在自然规律下形成，人为形态则是按照人的意志创造而成。从文化史、美术史等角度来看，自然物及其形态对人类活动曾经发挥了支配、引导作用。原始人类创造的岩画、象牙兽角、木雕、石雕等图形艺术是对大自然的模仿。今天是人为形态的时代，包括人类衣、食、住、行在内的几乎所有造型形态都经过了人为的设计。人为形态的产生、发展与变化是人类走进新时代的必然产物。

2. 什么是图形语言

当我们欣赏仰韶文化的彩陶时，那些生动描绘在陶盆、陶罐上的人形纹、鱼纹、蛙纹等纹样会让我们真切感受到史前人类饮食、捕猎的情景。当我们探寻敦煌莫高窟时，古老壁画中飞天的神、奔驰的兽会让我们感受到宗教文化的绚烂。当我们走进苗寨时，构图精美、色彩丰富的苗绣图案让我们感受到民族图腾的神秘与震撼。

我们之所以能通过视觉感受到图形所表达的含义，其原因在于图形所具备的“传达”（即传递信息）功能。自古以来，人类就通过多种途径传递信息，用画图、发声和书写等方式把所知所想记下来、传出去。可以说，通过听觉来传递的声音和通过视觉来传递的图形是最基本的两种信息传达载体。图形在众多传达载体中具有不同于其他途径的独特方式和显著效果，它通过可视的艺术形态来表达创造性的意念，是抽象的符号、无声的语言，我们称之为“图形语言”。

著名美学家和艺术史家贡布里希（E. H. Gombrich）曾说过：语言陈述是为了传达意义，而自然中的事物只能由我们赋予意义。显然，图像在语言和自然万物之间占据一个奇妙的地位。图形基于视觉进行传播，视觉传播有很多优于其他传播途径的优势，历史上很多视觉传播形式早于听觉传播形式，且更高效。比如在古代，远距离传递敌人入侵的消息，首先依靠的是狼烟和烽火；电影刚刚发明时，曾经是有图像而

图1-1-3 概念形态

图1-1-4 现实形态中的自然形态

图1-1-5 现实形态中的人为形态

无声音的；互联网诞生初期，也是以传播视觉符号（图形及文字）为主要形式。正是传播上的便利为图形语言的不断发展更新带来了极大可能性。

图形本身不能发声，但图形语言借助不同的视角和表现方法，用或具象或抽象的不同形态点、线、面作为基本元素，协调组织它们之间的大小、面积、空间、虚实、节奏、韵律等关系，常常能达到“此时无声胜有声”的效果。

如图1-1-6电影《花木兰》的宣传海报中，只有一个头盔、一枚红唇，没有具体的人像，没有其他修饰，但仅仅这两个简单的图形便能表现出主人公巾帼不让须眉的气概，这便是图形语言的作用。

3. 图形的三种意义

关于图形语言意义的理解，还应当考虑意义在图形传递过程中的三个阶段——“前意义”“图意”和“后意义”。

“前意义”是认识主体（即信息的发布者）想要表达的意义，这时的意义完全是认识主体的观点、思想、情感等。它来自主体运用自己的观察力、思考力从社会实践中获得的结果。如对产品进行广告策划，策划人必须了解产品本身的定位、市场消费者、竞争对手乃至社会政治文化等方面的信息，这样才能得到切中目标的策略。这些策略和信息即处在“前意义”阶段。

“图意”是设计者根据“前意义”设计出的图形所表达的意义，这是由视觉形象设计所承载的意义。它已由一种无形的认识理念转变为可视的形象，因而，这时的意义成为一种有形的意义。形态所表达的“意义”与“前意义”必然有一定的差别。设计者正是意义变化的操纵者，他们的工作就是要用形态、色彩、空间、肌理等视觉元素组构语言，叙述意义，如图1-1-7，美国艺术家安迪·沃霍尔（Andy Warhol）采取丝网印刷对梦露肖像进行的再创作。画面中沃霍尔把多张梦露的形象进行了重复排列，有人解释称这些略有细微差别的重复形象表现了梦露孤独寂寞的内心世界。

图形的意义还存在一个“后意义”阶段，即观众看到图形后产生的理解和认识。

图1-1-6 黄海 电影《花木兰》海报

图1-1-7 安迪·沃霍尔 玛丽莲·梦露双联画

观看是一种能动的活动，视觉在作用于物体时，物象自动映射在视网膜上，对于视觉对象，大脑会根据自身的经验、需求、喜好、智慧等进行新的组织、选择、归纳、分析、联想、评判。“后意义”会加入观众的再创造，因此容易产生“一千个读者就有一千个哈姆雷特”的效果。

第二节 图形语言的生理心理基础

1. 图形语言的生理基础

图形因为眼睛而存在，因此观看成为一种赋予现实形状意义的主观行为。图形语言的载体——形状、色彩、肌理等，都是通过视觉被感知。人对客观信息的感知主要通过视觉完成，视觉认知就是通过人的视觉器官来感知客观事物在特定时空中的一种认知活动，具有主动性和判断选择性。它有别于摄影、复写和纯生理刺激反应。在生理学中，视觉成像是物体反射的光通过晶状体折射成像于视网膜上，再由视觉神经感知传给大脑，它是一个由客观到主观的过程（图1-2-1）。

（1）视觉与形状

通常情况下，人们观察外界时，由于视野中各个区域所形成的刺激存在差异，视野成了“异质视野”，这种情况下，我们会把视野中的对象看作一个整体，使它成为一个从背景上突出来的图形。这种在知觉中将图形和背景区分开来的现象称作“图形/背景的区分”，简称“形基辨别”或“知觉分化”。正因为我们有“知觉分化”的能力，使我们从纷繁复杂的视觉场景中感受图形、获取信息。

在二维的视网膜影像中，物体影像的轮廓形成了图形与背景的分界线，而分界线是图形和背景所共有的，但在知觉中，大脑根据经验将分界线（轮廓）归属于图形（物体的影像），从而将图形与背景划分开来。日本设计师福田繁雄（Shigeo Fukuda）的京王百货宣传海报（图1-2-2）中就利用了这样的知觉规律，观者看到的是男人的腿还是女人的腿，取决于是将白色区域还是黑色区域的轮廓当作物体的轮廓线。

（2）视觉与色彩

人眼如何感知色彩，又是如何区分不同的色彩？眼睛主要依赖视网膜上的视细胞

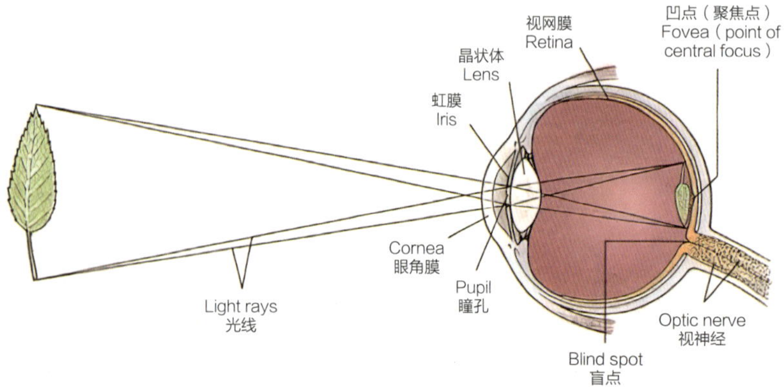

图1-2-1 眼球成像示意图

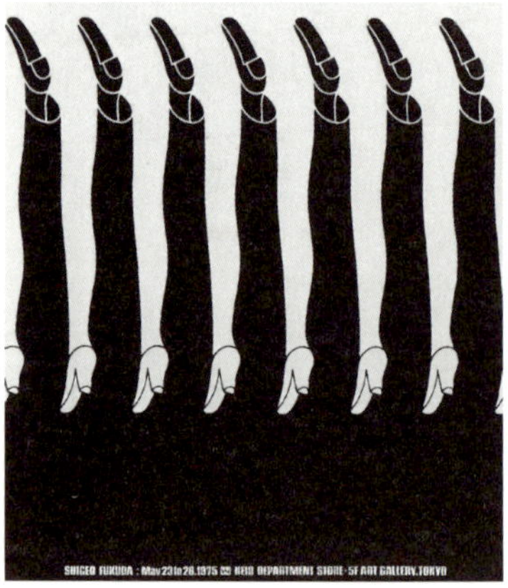

图1-2-2 福田繁雄 京王百货宣传海报

来分辨各种颜色。视细胞分为视锥细胞和视杆细胞，通过视网膜的作用与大脑的协调，人类就可以感受到包括红、橙、黄、绿、青、蓝、紫在内的各种颜色。有关视觉色彩生理机制的研究目前存在三种学说。

第一种是三色学说（图1-2-3）。该学说认为外界的景象以光的形式通过角膜等结构到达视网膜，我们之所以能够感知到不同颜色，是因为我们的眼睛中存在感受红、绿、蓝三种颜色的锥体细胞。在颜色的混合中，混合色是这三种细胞按照特定比例兴奋的结果，也就是说，如果改变红、绿、蓝光的比例，将可以混合出包括白光在内的不同色光，也就构成了我们眼睛里五彩缤纷的世界。

第二种是黑林四色学说。即德国心理学家黑林（K·E·K·Hering）在19世纪下半叶提出的观点。他认为有红、绿、黄、蓝四种原色，并且红和绿、黄和蓝相混合得不出其他颜色，只能得到白和灰，所以互为补色。他还提出了三对起颉颃作用的感受器：红和绿、黄和蓝、黑和白。色盲则是由于缺乏了其中一对或两对感受器所导致的。

第三种学说是前两种学说的统一。该学说认为在神经系统内，颜色的信息加工分为三个阶段：第一，感受器阶段。光被视网膜上的三种视锥细胞选择性地接收为红、绿、蓝三种不同波长的刺激。这与三色学说一致。第二，大脑皮层视区传导阶段。传导通路接受的来自三种视锥细胞的编码信息，既是一个亮度信号，也是一个两色差异信号，并按红与绿、黄与蓝、白与黑成对颉颃形式传递。其中黄色信息是由来自红、绿两种视锥细胞的信号混合之后产生的。第三，大脑皮层视中枢加工阶段。按成对颉颃形式进行颜色信息的加工，产生颜色的感觉。后两个阶段与四色学说一致。这一学说结合了前两种学说的观点，更加接近实际的色觉机制。

（3）视觉与空间

德裔美籍心理学家、美术和电影理论家鲁道夫·阿恩海姆（Rudolf Arnheim）曾说："在物理空间中，物体离我们越近，其轮廓线就越鲜明。在摄影艺术中，假如我们把焦距对准，就能拍出一个清晰区域，离这一区域越远的事物，看上去就越模糊。"我们可以由此区分出物体的近与远。人眼在观看某个物体或某片视野时，一般是扫视较大的空间范围，在发现某一特定对象的时候，就将眼睛的注意力投向那个方向，并按需要的距离自动聚焦。如果没能将整个吸引注意力的部位同时置于清晰视角内，则需稍稍移动视线，以便仔细观察各个部位。这样，便通过依次观察各个部位而实现了对对象的总体观察。人类生活在三维物理空间之中，人的视觉经验也是与空间紧密联系的。这就使得人们在感知图形的时候，常常会将其置于一定的空间关系中去理解。比如近景与远景，透视中心与边缘，遮挡与透叠等。人的视觉中天然包含的空间特性，增加了图形形态变化的可能，令图形语言更加丰富。

图1-2-3 三色学说示意图

2. 图形语言与视知觉

视知觉包括对视觉形式的感受能力、借助于形式语言进行思考的能力、运用图形语言及绘画媒介对所见对象进行描绘的能力等。视觉形象是看出来的，对空间感的认识是由观看到思想的视觉思维方式。真实的存在只不过是为看提供信息。精彩而动人的有意味的形式，才是图形的艺术本质。所以，图形设计师必须了解人类视知觉的奥秘，拓展视觉艺术的新境界。

归纳起来，视觉对图形的感知取决于三个要素：

第一，物理现实为我们提供对图形的视觉感知对象及客观现实的物质图像。

第二，生理感知把现实中的物质图像作为一个刺激物为视网膜所接受，从而形成视觉映像。

第三，心理反应将不同的视觉映像信息传递到大脑，经过判断、解释、传递，作用于人的心理并做出某种判断及延伸性解释。

在人们进行思想交流、行为交往的信息传达活动中，看的形态是最直接而有效的，而对看的对象进行人为创造，使之符合人的目的性需要，就得到了我们通常所说的“图形”。了解图形的视知觉规律，就必须在视点、视角、视野和对象的变化中，观察“形”的变化，把握有意义的视觉结构样式，以便更主动地去创作图形。

（1）图形语言的视知觉基本特征

①整体性

知觉的对象是由不同部分和不同属性所组成，但人们通常并不是把对象感知为个别的孤立部分，而是把它知觉为一个统一的整体，这种特性被称为知觉的整体性。例如，人们在观察一幅由点组成的图形时，如果未经提示，总是会倾向于感知到一个完整的形象，而不太关注那些具体的点。其主要内容体现在以下两个方面：

一方面我们会把事物当作整体来看待。比如我们看到虚线画的圆形，会倾向于把它看作圆形，而不是一圈排列的小点，这就是把事物当作整体来看待（图1-2-4）。

另一方面我们会把事物的关键部分当作整体。比如我们常说这样一个成语，管中窥豹，我们看到豹子身上的斑点花纹，就会认为这是一只豹子，这就是把关键部分理解为整体（图1-2-5）。

图1-2-4　虚线画的圆形

图1-2-5　豹子的花纹

②选择性

人在感知图形时，同时作用于感觉器官的信息是很多的，而人又不可能同时知觉这些事物的每一细节，所以人们总是按照各自的需要或目的主动、有意识地选择突出信息作为知觉对象。其具体过程就是从感觉到的大量图像中把某个具体图形分离出来，完成这种分离不但要靠视觉，更要靠大脑高级功能支持的聚焦特性。例如对象和背景之间的差别。其中被清楚地知觉到的客体叫对象，未被清楚地知觉到的客体叫背景。如图1-2-6，通篇黑白的画面中出现了一枝亮丽的百合花，这样的色彩对比很容易让观者将视线聚焦于此处。

③理解性

人们在知觉某种对象时，用以往所获得的知识经验来理解当前知觉对象的特征称为知觉的理解性。由于这种特性，人们在知觉某一事物时，就会把有关的知识经验以及提示导入知觉过程中，以便取得对事物的深刻认识。如X光照片，没有经过学习的人看不出端倪，但医生却可以从中看出病变与否。同时，理解也是从更高的认知程度上对一个形象进行精神加工。必须设法搞清楚所选择目标图形的含义，大脑才有可能把这个图形信息储存到自己的长时记忆模块中，使它成为大脑知识库中的一部分。如图1-2-7所示是宫崎骏（Hayao Miyazaki）经典动画片《龙猫》的海报，对于尚未看过这部电影的观众而言，海报呈现的是两位主人公正在穿越一片茂盛的草原，而对于看过电影的观众而言，他们能对这片茂盛的草原产生新的理解——这片草原其实是龙猫肚子上的毛发。

（2）图形知觉的组构形式

①视觉焦点

视觉焦点是图形符号的重心。对于单幅平面设计作品而言，它所要表达的主题（即传递给读图者的主要信息）需要集中成为视觉的焦点，构图上需要将其放于合适的位置，而在合适的位置中所要表达的主题信息势必成为视觉注意的焦点。如图1-2-8，我们可以很容易在画面中找到视觉焦点。

图1-2-6 吴悦嘉作品

图1-2-7 中国版《龙猫》海报 2018年

图1-2-8 李唯一作品

作为视觉焦点的视觉符号，其视觉张力通常是由元素间的差异在对比中实现的。

加强视觉焦点元素与其他元素之间差异的因素很多，如形态及要素的组织对比，空间位置、动态关系，色彩的色相、冷暖、明暗、灰鲜，质地的软硬、糙滑、枯润，体量的轻重、肥瘦，形象的动静、刚柔，表现手法的虚实、繁简、藏露，表现工艺的巧拙和张弛等。

焦点形象只有个性鲜明突出才能引人注目，才能令人难忘。强烈的对比能打破单调统一的格局，求得多样变化，掀起波澜，造成矛盾的对立，形成视觉上的张力。

②视觉秩序

视觉秩序具体反映在视觉流程的运动规律方面。当人们在完整接收图形信息的时候，会形成一个惯性的视觉流动顺序，即快速吸收整个视野的信息，首先将视点落入视觉焦点，随后，视线会随着各元素之间的强弱变化而作有序的流动，最后完成对全部图形信息的吸收。如图1-2-9中，富有规律的图形变化让画面产生韵律，观者视线从画面焦点逐渐延伸至其他部分，最后形成对整幅画面的阅读。

视觉流程在完成传达过程的同时，也在完成整个心理感知的历程。这种心理感知可分为三个阶段，即整体认知、局部认知、最后印象总体认知。进一步来理解，即人们对整体元素第一瞬间的感知，包括对上述所有视觉元素之间组织结构的大体评判。情感认知会随着局部视觉信息的变化而波动，对信息更深层的理解和欣赏也是在这一过程中完成的。经过以上几个阶段，最后便能得到整个图形所传达的信息。

③视觉空间

视觉空间的特性十分复杂，我们可以从与空间有关的空间量、间隔、构造、方位、形态等方面引起的视觉心理现象来认识。

空间量：平面空间中形的占有量或含量。空间量除它的物理量（大小、多少及占据空间的聚集与分散之分割比例）外，还有心理的量，即形在空间形成的力感与重心，它们引起空间力的均衡、对比、统一、秩序、节奏等心理感受。如图1-2-10画家古斯塔夫·克里姆特（Gustav Klimt）的作品《生与死》，左边代表着死，右边代表着生，两边画面的装饰与色彩面积形成鲜明的对比，以达到画面的视觉平衡。

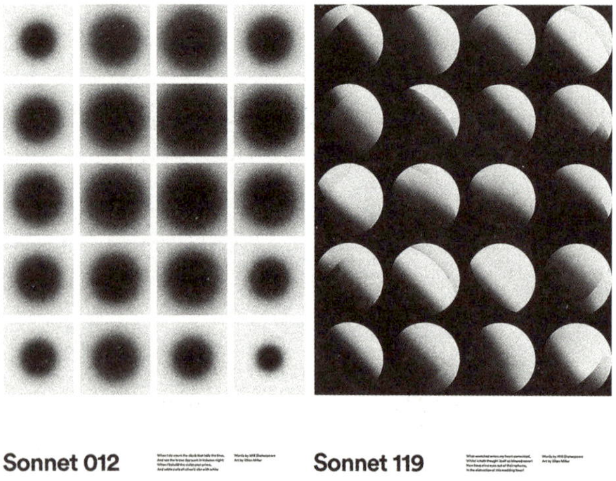

图1-2-9 Xtian Miller作品

图1-2-10 克里姆特《生与死》

间隔：平面空间中，形、色、肌理、材质等因素的相互距离。不同的间隔意味着空间张力的不同变化，从而形成视觉的流动，使平面图案得到紧张与松弛、条理与反复、节奏与运动等时空感受。如图1-2-11画面中的文字在大小、间距、排列方向等方面都有所不同，引导观者视线在画面的不同部位流动。

构造：平面空间中结构的选择、组合与发展。结构的方向、动势、姿态、表情及组合的照应与气势的发展，都将使平面空间有心理的扩展感受。如图1-2-12以图形的动势表达出流动的感觉。

方位：图形空间的位置与方向，一般包括上下、左右、中心、边缘，以及水平、垂直、倾斜等方向。不同的方位具有不同的位能、势能与习惯的心理体验。这些心理体验自发地影响图形空间的感受效果。如图1-2-13，以简单的面为元素，通过明暗、透视的特别处理形成具有空间立体效果的“路”。

形态：形在空间中的状态，如形的凹凸、开合，形的弯曲、旋转，形的虚与实，形占据空间的正负关系以及形所暗示的完整性等。它们都使图形符号产生不同的空间心理感受。如图1-2-14，虚实、色彩、形态重叠的对比，让画面形成深不可测且虚幻的效果。

在图形设计中，被分割的空间形态千变万化，纷繁复杂，其形成的根源是由实空间在特定的视觉流程下分割而成。如上所述，其虚空间形态的大小、多少、疏密、紧松关系处理得当与否，决定了实空间的排列及视觉流程的走向是否合理与规范。

图1-2-11 Manuel Gensheimer作品

图1-2-12 王佳慧作品

图1-2-13 陈一帆作品

图1-2-14 第5届马德里图形设计展获奖作品

第三节 图形语言的种类

研究图形语言，就需要理解其内在规律。根据图形语言在传达过程中呈现的特征，我们可将其划分为具象图形语言、抽象图形语言和意象图形语言。

1. 具象图形语言

具象图形是自然界中存在的客观形态经过人类的模仿、概括、提炼而形成的图形形态，具有能根据人类的视觉经验被准确指认，并清晰描述客观事物的属性。应用具象图形最基本的策略是采用写实的手法来刻画现实世界各类物象形态，在展现此类形态的过程中实现设计内容和思想的传达，一般是采用直观形象构建来突出主题信息，同时表现内在的图形语义。具象图形语义的应用能够更准确地进行特征表达，对于观察者而言这种表现形式更直观，更具有亲切感，在商业化的平面设计应用中更容易取得消费者的理解和信任，在公益性的平面设计应用中更容易取得受众的认同。如著名摄影师解海龙拍摄的希望工程“大眼睛”照片（图1-3-1），这张宣传照片中一位手握铅笔的小女孩抬着头，一双又大又亮的眼睛里充满了对知识的渴望。这张照片非常直观地展现出了儿童的心理状态，具有强烈的视觉冲击力。照片中不含任何文字，但时至今日，当人们再次看见这双眼睛，仍然能唤起内心的关爱与善意。

图1-3-1 希望工程《我要读书》

总体来说，采用具象图形这种设计模式能够保证信息传递的有效性，它相比于抽象图形有着难以比拟的视觉亲和力，给人以身临其境的感受。当然，这种设计方法运用不当，也可能会出现一些形态过于直白简单、难以表达深层内涵的问题。

2. 抽象图形语言

抽象图形的特点与具象图形大致相对，同样以客观物象为基础，但在视觉图形的刻画方面更加强调高度概括和概念化，从而实现一种更富艺术气息和形式美感的内容展现形式。抽象图形追求化繁为简或者意在表达某些复杂的感受或者深刻的哲理。抽象图形语言有利于在图形中提供更多样化的内涵，丰富设计语义，从而使平面设计具有更加广阔的拓展空间。

抽象图形同样是对现实物象的加工，因此，在对原始对象信息的采集与提取上与具象图形没有明显差异，只是对图形进行加工后形成的效果有一定差异。一般来说，可以按照抽象画的创作思维来进行设计：首先要强调主观意识，虽然抽象图形强调对观察者思维差异的充分利用，但是并不意味着设计也随意、无章，反而要强调对现实事物本质规律的遵循，同时维持艺术本应具备的基本美感；其次要充分利用几何图形的变化来组合构建抽象的内涵，留给观察者更丰富的联想空间；最后要保证形态的简洁，这也是抽象画创作的基本思想，同样也符合现代平面设计的主流趋势。简洁是认知统一的过程，同样也是抽象图形语言无限发散过程中的限制条件之一，以有效地保证设计主题的统一。

著名设计师靳埭强先生在《服饰与文化》这幅海报作品中（图1-3-2），以水墨画的简洁笔画来表现旧时裁缝常用的量尺和具有张力的弧形，整体构成富有意象特征的衣架抽象形态。水墨笔触带来的传统文化感受与量尺、衣架形态的有机结合，可谓神来之笔。整个图形设计虽然抽象、简练，却传达出丰富的视觉信息。

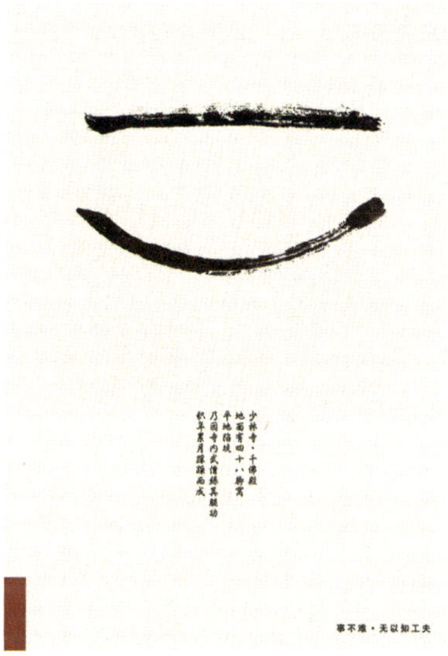

图1-3-2 靳埭强《服饰与文化》海报

3. 意象图形语言

意象图形语言与具象和抽象图形语言有本质上的区别，意象是客观事物在人意识中的二次加工和重构，每个作品都有自己的“格式塔”，尽量突出这个意象，让人可以准确迅速地识别，尽量向观众最熟悉的意象靠拢。简单来说，创作者设计的意象图形就是对现实物象的加工，而观察者并不一定能够从中发现与具象的实际关联，而是更容易感受到创作者的主观意识与创作意图。从这个角度来说，意象图形语言是强调设计者情感内涵传达的一种方式，能够让设计师通过图形语义与受众实现更深层次的（心灵上的）沟通，而不局限于表面的视觉沟通。因此意象图形即便与现实事物的相似性较低，也并不影响受众的感知，甚至能够更好地引发受众认同和理解。一般来说，现代平面设计中意象图形语言的应用形式主要有两种：一种是含蓄性的意象图形语义应用，例如强调情感和寓意的深入刻画，在图像的处理上充分应用人类视觉特征、心理学特点、人类联想能力等进行创作情感的发散式传达，特别适用于对企业文化、产品意象特色的传达（图1-3-3）；另一种是实感性的意象图形语义，在创作过程中对图形的处理更多参考现实事物，抽取现实事物的基本特征，采用类似形意同构的方法，利用色彩语言、结构语言等来表现平面设计中所展现产品或内容的特点，从而带动消费者产生实感认知，增强对实物本身的认识。

西班牙超现实主义画家萨尔瓦多·达利（Salvador Dali）的代表作《记忆的永恒》中，对物象的外形都进行了刻意改变，似马非马的“四不像”躺在沙滩上，旁边是扭曲、停滞的钟表。这幅画面中的三只钟表都无一例外地被改变了它们本来的样子，从坚硬、活动的机械品变成了停滞、融化的无意识物体。这无疑是达利通过意象图形来表达内心的思想和价值观，是达利潜意识世界的体现（图1-3-4）。

图1-3-3 陈宣羽作品

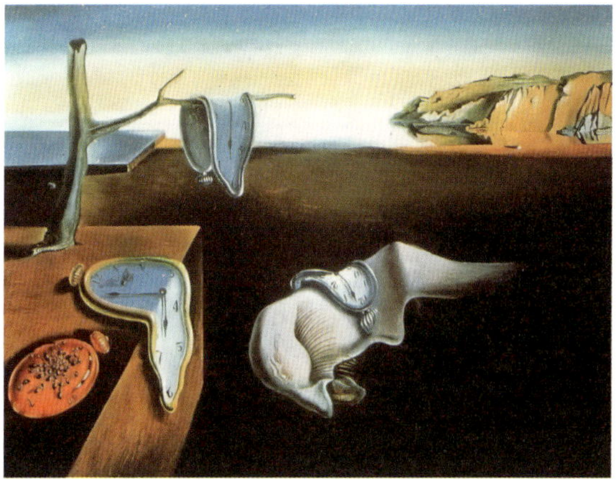
图1-3-4 达利《记忆的永恒》

第四节 图形语言的特点

信息传递者运用图形语言描绘现实对象，观者则借助图形语言理解所见对象。图形语言的特点可归纳为：直观性、象征性、生动性和艺术性。

1. 直观性

文字与图形是视觉信息传达的两种主要形式，文字作为记录、传播信息的重要工具，在当今世界应用广泛，但是受众通过文字获取信息需要一定的前提条件，即使是经过长期学习训练掌握了基本的文字辨识能力，到阅读具体文献时，仍然需要结合特定语境、花费一定的时间和精力去理解。而图形语言依附于一定的图画造型，是自然物象的客观描绘和主观改造，这也就决定了其视觉识别上的直观性，观者凭借自己生活的经验就能够自动解读其隐含的寓意。另外，图形语言的直观性可以突破不同地域、不同文化、不同文字语言的障碍，与多数受众群体达成共识，成为最具代表性和高效的信息传播形式。如公共区域的卫生间标识（图1-4-1）为男性与女性的扁平化剪影图形，即使在没有语言文字标识的情况下，还是可以通过生活经验读懂这一约定俗成的图形的含义。

2. 象征性

图形以人的视觉感知作为基础，结合创意思维和创意表达方法，以抽象或具象的视觉形象，暗示并引导受众产生某种联想或想象，使他们感受到隐含在其中的精神、内涵、理念（图1-4-2）。对于熟悉图像程式意义的人来说，一幅画中的内容在他们眼中可能象征着某种理念。如一位手执天平的女子，在他们眼中是象征着正义的；一只雄健的狮子，则象征着勇敢。除了程式化的象征外，还有只与个人有关的象征，如对于荷兰后印象派画家文森特・威廉・梵・高（Vincent Willem van Gogh）来说，一幅盛开的兰花是身体康复的象征，但在其他人眼中，兰花是对高尚情操的歌颂。

图1-4-1 卫生间标识

图1-4-2 孙净依作品

在现代商业广告设计中常使用图形的象征性特征来进行设计，图形在信息与受众之间构建起一座沟通的桥梁。利用图形的象征性语言充分调动受众的视觉经验，激发他们的心理潜意识诉求以及对审美体验的追求，使其产生联想，从而进行情感交流与沟通，激发受众购买商品的欲望。

3. 生动性

在一幅设计作品中，图形的感染力要远远超过文字。图形可以利用带有趣味性的、生动的、差异性的、反常态的视觉形象引发受众的关注。特别是在比较嘈杂的环境中，新颖独特、灵动跳跃的图形更易引起受众的阅读兴趣，唤起情感上的共鸣，这就是图形的视觉感染力形成的效果。如图1-4-3中将单调的“Halloween”单词置换为女巫、南瓜灯、枯树等万圣节元素，使画面充满了趣味性与生动性。

4. 艺术性

寓意深刻、格调高雅的图形语言可以激发人们心灵深处最美好的纯洁情感，并且能够使人获得精神上的美感享受，建构人们的审美心理，使人的思想、情感、修养在潜移默化中融入图形语言所营造的意境之中。如图1-4-4打破了以单纯再现对象色彩为目标的绘画观念，表现出了作品的美学特征，具有很强的艺术性。

图1-4-3 陈一帆作品

图1-4-4 习洋洋作品

第二章

图形语言的历史溯源

继上章对图形语言这一基本概念及其特点的介绍之后，本章将展开对图形语言的历史溯源，共分三节，分别从中国传统艺术、西方现代艺术理论以及其他学科理论三种视角探索图形语言的来源。中国传统艺术的三种格调对图形语言影响至深，即宫廷富贵、民间智慧和文人意趣。西方现实主义、波普艺术、抽象艺术等现代艺术理论也对当代图形语言的形态产生广泛的影响，同时其他学科如心理学、符号学、传播学的理论成果对图形语言的发展所产生的影响也是不可估量的。为了让读者更直观地领略历史长河中图形语言的多样性，本章中的每一部分都以图文并茂的方式展开叙述，力求表达清晰明了。

第一节　中国传统艺术中的图形语言

1. 宫廷富贵

中国古代宫廷艺术装饰中蕴含着极其丰富的图形语言，风格多样，造型丰富。吉祥题材纹样被广泛运用，达到了“纹必有意、意必吉祥”的程度。同时，不断融合佛教、道教、儒家文化及其他传统风俗习惯，形成具有鲜明时代特征和民族风情的装饰纹样，典型宫廷装饰纹样包括花卉纹样、山水人物纹样以及皇家专属的龙、凤纹样等。

宫廷文化是围绕着封建社会的最高统治者——皇帝展开的，宫廷艺术的图案也围绕着“皇家”这一身份展开。“龙”的造型及“黄”的色彩都成为封建君主标榜自身至尊皇权的象征符号。青花云龙纹双耳扁瓶（图2-1-1）中的纹样就是极具代表性的皇家以龙显尊的图形。该瓶颈肩两侧各有一条龙耳，瓶身正中的“龙”盘旋飞舞，神采奕奕，是清代宫廷御用的

图2-1-1　青花云龙纹双耳扁瓶

标准“龙”形。以龙为尊，显示了宫廷文化中“至尊”的文化心态。

故宫所藏剔红梅花喜鹊图方盘（图2-1-2）为清代宫廷内用器皿，盘心雕刻了喜鹊落于梅花枝头的场景，并在四周辅以茶花纹样的装饰。喜鹊为中国传统文化中的吉祥鸟，象征着好运和福气。喜鹊图形并不像龙、凤等图案为皇家专属，民间艺术中也常使用喜鹊题材来表达美好愿望。但这件方盘使用工序极其复杂的剔红工艺制成，通体髹朱漆，且构图考究，疏密有致。喜鹊造型饱满圆润，作为装饰的花纹也同样线条流畅，形象生动，同时寓意着喜上眉梢的吉祥愿景。从考究的图形与繁复的工艺中体现出皇家不同于民间的富丽华贵与至高地位。

除了工艺美术外，宫廷绘画中的图形表达同样具有代表性。唐代画家阎立本所绘制的《历代帝王图》并不只是对帝王外貌形象的原样如实记录，而是根据每个帝王所处的时期、经历和个性，对形象做了符合宫廷艺术语言的刻画。图中每位帝王的左右均有两名侍从，这些帝王身形高大挺拔，而侍从则矮小拘谨。如对于重建汉室的汉光武帝刘秀（图2-1-3），阎立本将他刻画得挺拔威严，气宇轩昂，比两旁的侍从足足高出一个头之多，身形也宽大两倍。且汉光武帝衣着华丽，头戴冕旒，衣饰上的花纹与珠宝都被细致刻画。作者采用夸张与对比的手法极力凸显刘秀作为帝王的华贵与至上的地位。即使是像亡国之君隋炀帝这样的皇帝（图2-1-4），作者虽站在封建正统的立

图2-1-2 剔红梅花喜鹊图方盘

图2-1-3《历代帝王图》中的汉光武帝刘秀

图2-1-4《历代帝王图》中的隋炀帝杨广

场上将他的精神状态描绘得萎靡不振，衣着方面也没有过多刻画，但其面部饱满，身形高大，依旧透露着不同于普通人的皇家富贵气息。

《步辇图》（图2-1-5）与《虢国夫人游春图》（图2-1-6）描绘了唐代皇家政治活动与日常生活的场景，作者在其中对不同人物的表情和动作进行了分别刻画。其中《步辇图》描绘的是唐太宗坐步辇接见禄东赞的场景，画面右边的太宗坐于步辇之上，十位衣着艳丽的宫女围绕其左右。画面左边是远道而来的藏族使臣禄东赞与两位随从，三人排着队稀疏地站立，神态拘谨，与右侧太宗一行人的簇拥感形成鲜明对比。这样的构图对比让皇家地位一目了然地呈现出来。画面中的太宗并没有像《历代帝王图》中的皇帝那样身着华服、表情威严，而是穿着平常的服饰，面容和蔼可亲，表现出唐太宗在接见少数民族使者时平易近人的态度，也是中原与边疆团结友好的象征。

《虢国夫人游春图》描绘了唐玄宗时期的贵族虢国夫人一行外出春游的场景。虢国夫人在画面中间，与她同行的还有韩国夫人，她们风姿绰约，随行侍从众多，展现出别具代表性的雍容华贵。

图2-1-5 阎立本《步辇图》（局部）

图2-1-6 张萱《虢国夫人游春图》（局部）

清代来自西洋的宫廷画师郎世宁将西洋画的风格特征融入宫廷绘画中，令画面形成一种新的视觉效果。他在万寿节为雍正所作的祝寿图《嵩献英芝图》（图2-1-7）中采用了中国传统图案中善用的谐音手法，用松、鹰、灵芝等图案来歌颂皇帝，寓意长寿、雄健和吉祥；白色的鹰位于画面正中央，目光凌厉，它象征着皇帝的权威与高高在上的统治地位。

图2-1-7 郎世宁《嵩献英芝图》

图2-1-8 郎世宁《亲蚕图》（局部）

郎世宁的另一幅作品《亲蚕图》（图2-1-8）描绘的是孝贤纯皇后举办亲蚕礼的场景。作者采用立体透视的方法进行空间处理，完整地展现出皇家大型活动的全貌。各级官员和仆从都穿着代表自身品阶的服饰，按照严格的等级与规定站在相应的位置。皇后盛装端坐，接受臣子们的朝拜。整齐的队列、声势浩荡的仪仗、华丽的宫殿与服饰，都直观地反映出举办皇家大型活动时场面的壮观与等级制度的森严。

2. 民间智慧

中国民间艺术种类繁多，来自不同的地域、文化及风俗，呈现形式也多种多样，有剪纸雕刻、印染刺绣、扎糊编织等。民间艺术中的图形具有质朴、现实、率真、善意等特点，它不同于皇家艺术的奢华富贵，往往用生活中最常见的材料制成，表达的是民间百姓日常生活的智慧与对美好未来的向往。

象征吉祥的图形在民间艺术中很常见，常借用文字的谐音来产生图形联想：如“鱼”同“余”，有来年富余、富足的意思；“莲”同“连”，是连续不断的象征，于是出现了“鱼戏莲”（图2-1-9）“马上发财”（图2-1-10）等图案。民间剪纸艺术常

图2-1-9 “鱼戏莲”剪纸图案

图2-1-10 “马上发财”剪纸图案

采用吉祥图案为主题，并在图形表现上加入锯齿纹、回纹、柳叶纹、花草纹等装饰纹样，丰富画面的视觉层次。

除了代表吉祥的图案，民间艺术的造型还取材于神话传说、宗教习俗等，其中有些图形并不是直接再现现实生活中存在的景象，而是反映当地民间百姓面对苦难的乐观态度，代表百姓的价值观与精神追求。例如在湘西地区苗族的神话传说中，有一只神犬击退入侵的敌寇，成了苗族的守护神，因此在苗绣作品中常出现“盘瓠神犬”（图2-1-11）、“狗神花”等形象。对于历史发展中的迁徙、战乱、灾荒等苦难，图腾类图形牢固地维系着部族间的情感，成为整个民族得以延续下去的精神支柱（图2-1-12）。

日常生活的场景与细节也是民间艺术的创作来源，桃花坞年画中描绘了大量民间百姓生活场景。例如《渔樵耕读》（图2-1-13）年画描绘了河岸边熙熙攘攘的生活场

图2-1-11“盘瓠神犬”苗绣图案

图2-1-12“蝴蝶妈妈”苗绣图案

图2-1-13《渔樵耕读》

景，渔民们正在岸边喝酒划拳，其中一人已经喝醉，正摇晃着预备上船休息，远处有渔户坐着船正预备靠岸，樵夫挑着柴走在桥上，田野边也有农民正在劳作，带有非常浓厚的生活气息。

中国民间艺术中的图形始终离不开现实生活，但又超越了现实生活。这些图形积淀了民族文化传统的内涵，体现了百姓心中的美好生活愿景。

3. 文人意趣

文人艺术是中国古代特有的一种艺术类型，它不同于宫廷艺术的富贵、雍容，也不同于民间艺术的质朴、通俗，而是自成一派，独具特色。今日人们所指的“传统中国画”，其审美体系、造型语言和价值标准主要是基于宋元及明清文人绘画抽绎而成。

文人画标榜“士气”。在封建时代，“士气”就是士大夫道德品质和阅历的体现。文人艺术中最具代表性的是“四君子”形象所展现的情感象征意义。在中国美学中有一种特有的概念——比德为美，即通过主体的审美心理要素的积极活动，来揭示主客体之间伦理道德、精神品格或情感的某种同形同构（或异质同构）。“四君子”（梅、兰、竹、菊）正是一种“情感的符号”，被作为高贵人格和德行的象征。以竹为例，通常中国画中的竹子都是从下往上生长，有“竹报平安节节高”的意味，而文同的传世之作《墨竹图》（图2-1-14）中描绘了一株倒垂竹，竹枝与竹叶都从画面的左上方垂下。这幅画的创作背景是文同对王安石变法有不同意见，于是回避官场，开始追寻田园之乐。文同的这幅作品不仅歌颂了那些如竹子般品格高尚的君子，也代表了他不愿落入俗套、追求内心清高的人格志趣。

图2-1-14 文同《墨竹图》

李唐的画作《清溪渔隐图》（图2-1-15）描绘了烟雨朦胧的江南水乡一角，作者用小斧劈皴刻画近景，淡墨渲染远景，让画面充满明显的远近虚实关系，山与树、水与房营造出清新静谧又超凡脱俗的意境。画面右侧，一位长须渔夫坐在渔船的船头，安然自若地钓鱼，船身的一部分被前面的山石遮挡，与标题中的“隐”相呼应。渔夫形象正代表了作者本人随遇而安、意图归隐的心境。

图2-1-15 李唐《清溪渔隐图》

文人趣味还体现在胸怀天下的远大抱负。宋代李公麟的《免胄图》（图2-1-16）描绘了唐代名将郭子仪脱去甲胄，只身面见回纥可汗的场景。宋朝在当时重文轻武的基本国策下，与北方游牧民族的战争中常常处于弱势。李公麟借用历史题材进行创作，实际上是影射宋朝当局的矛盾，希望借此抒发自己“以天下为己任”的家国情怀。

不仅是文人绘画，文人用品中所涉及的图形和装饰造型也常常体现出文人艺术特有的风骨。如《西清砚谱·石之属》中所载的苏轼龙珠砚（图2-1-17），“宋坑端石为之，随石质天然屈曲，琢为骊龙抱珠形”。苏轼龙珠砚的龙纹神态自然，若隐若现，身作盘状，几欲腾飞。龙盘太极纹饰，意为胸中自有乾坤。用砚台纹饰寄情言志，其图形语言体现了文人对雅致与精巧的追寻。

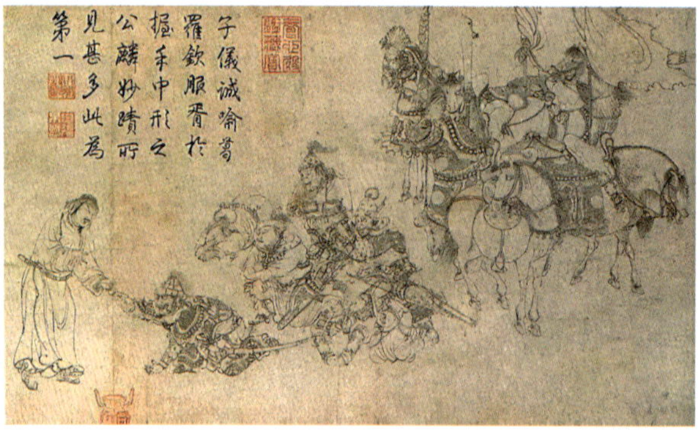

图2-1-16 李公麟《免胄图》（局部）

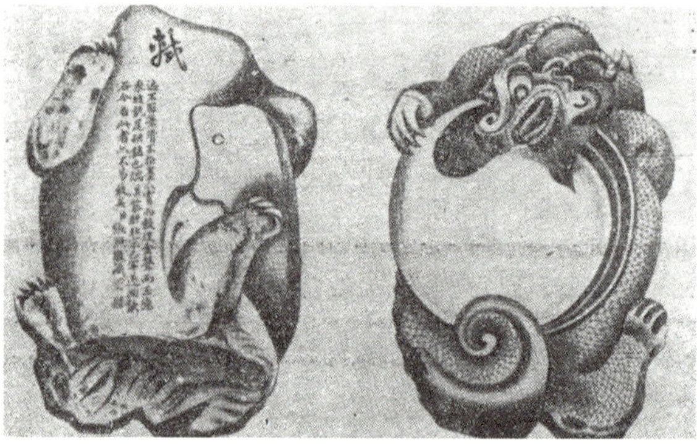

图2-1-17 苏轼龙珠砚

第二节　西方现代艺术理论对图形语言的影响

1. 现实主义

现实主义在艺术中是指对自然或当代生活做出准确的描绘和展现。现实主义摒弃理想化的想象，主张细致观察事物的外表，据实摹写，它包含了不同文明中的许多艺术思潮。法国画家让·弗朗索瓦·米勒（Jean-Francois Millet）的现实主义代表作《拾穗者》（图2-2-1）仿佛一张摄影照片，清晰又真实地再现了秋天农村中最普通的场景：三位农妇正弯着腰捡拾麦穗，身后是一望无际的金色田野。画面中的三位农妇认真地捡拾着，唯恐漏掉一个麦穗，而手中的麦穗也不过只有一小把。艺术家直面现实，大胆而不加粉饰地描绘社会中普通人的真实生活。《碎石工》（图2-2-2）是法国现实主义画家居斯塔夫·库尔贝（Jean Desire

图2-2-1 米勒《拾穗者》

图2-2-2 库尔贝《碎石工》

Gustave Courbet）的代表作之一，画面中的主角同样是两位普通的劳动者——碎石头的工人。这两位工人穿着打了补丁的破衣服，其中一位正单腿跪在地上举着锤子砸面前的石块，另一位正吃力地端着一筐碎石。贫困、疲惫、劳累的感觉清晰地呈现在他们身上，而画面中所展现的动态也令观者有一种直面现场的真实感，容易引起观者对画中人物的同情和对生活现状的反思。

遵循现实主义理论的图形创作会更加注重对真实生活的“准确再现”，从而让受众感觉“真实”，获得如临其境、如闻其声的真切感受，并对图形传达的信息产生信任感。

2. 波普艺术

波普艺术作品中充分体现了符号美学。在美国艺术家安迪·沃霍尔（Andy Warhol）的作品《32个康宝浓汤罐》（图2-2-3）中，每个独立罐头图像都是等大的，通过连续重复并置图像的办法改变了图像作为罐头的含义，而变成了图像本身，或者说是作为图像的符号。安迪·沃霍尔通过这种重复的形式加上硬边的冷处理从而创作了麻木冷漠的画面效果，形式大量重复使得罐头原来的含义丧失了价值，变成了图像符号。

波普艺术的代表人物凯斯·哈林（Keith Haring）的作品多为粗轮廓线的涂鸦，单色、空心的人或动物，造型简单、色彩鲜艳，颇有一种儿童涂鸦的感觉。这些经过高度提炼的“符号化”形象能够快速引起人的情感体验，在大脑中形成记忆，继而达到艺术家创作的目的。如《用童心反对家庭暴力》（图2-2-4）是凯斯·哈林借助儿童形象创作的一幅作品。画面主体是一个位于两位成年人之间的儿童，很明显是一家三口的摹写。作者用橙、黄、蓝对比色，尤其是画面中间偏上位置的“红心”，暗示三个人之间的特殊关系。但中间的儿童似乎在用双手努力推开两个成年人，或者说，三个人的关系呈现出一种莫名的紧张感、拉扯感。再加上人物之间的空隙处，深蓝色的背景上还有一些表现“动态”的黑色短线，更是强化了三个人之间的激烈冲突。“家暴与反家暴”的主题就这样被“符号化”呈现。

在符号学和波普艺术理论的启发下，图形设计者可以借助流行的、大众化的视觉符号进行图形创作，这样的视觉符号具有广泛为大众所熟知、容易被理解和让受众产生共鸣的特点，在传播信息时能达到简明、突出、迅捷的效果。

图2-2-3　安迪·沃霍尔《32个康宝浓汤罐》

图2-2-4　凯斯·哈林《用童心反对家庭暴力》

3. 抽象艺术

在抽象艺术语言中，视觉元素实现了符号化，它的应用能够弱化语言障碍所带来的负面影响，为作者思想的表达、作品内容的体现、人与人之间的交流和沟通提供新的可行路径。抽象艺术的先驱瓦西里·康定斯基（Wassily Kandinsky）认为，抽象使画面具有美感，而具象则平庸无趣，他的作品《即兴10号》（图2-2-5）被称为历史上第一幅最纯粹的抽象艺术画作。画面中只使用了线条与色块，点、线、色彩在这幅画中获得了空前的解放。形式和色彩脱离了对物象的依附，精神与直觉通过抽象形式的表达，实现了由音乐语言向绘画语言的转化。

除康定斯基外，抽象艺术的代表人物还有皮特·科内利斯·蒙德里安（Piet Cornelies Mondrian）、卡西米尔·塞文洛维奇·马列维奇（Kazimir Severinovich Malevich）等。以蒙德里安为例，其大部分作品结合了几何图形构成，用垂直和平行的线条交错构成画面，追求简单与抽象，具有新造型主义特征。他认为曲线不能表现出宇宙最基本的思想。只有垂直线与水平线才能完全表达自己的主观世界，因此他用横线与竖线交织成不同形状的几何图形来构建他的抽象精神。在色彩上也只使用最纯粹的三原色与三非色（黑、白、灰），像数学一样精确地去表达事物的本质与内在秩序。他的作品《红、黄、蓝构成》（图2-2-6）《纽约市·一号》（图2-2-7）等都含有用垂直和平行线构成的规则几何体。

抽象艺术语言与具象、写实艺术语言相对，在抽象艺术理论指导下，图形设计者能够摒弃具象图形的“现场感”和“意义解释”而专注于“形式塑造”，超越物质内容而专注于精神、心灵的表达。抽象图形适合用来表现那些无法言说的情感，那些不与具体事物联系的抽象概念，那些超越单个物体普遍规律，甚至对宇宙本质的思考，对世界最纯粹的认识。

4. 解构主义

解构主义是对之前西方几千年来正统哲学思想发起的挑战，对自古希腊哲学家柏拉图（Plato）以来的西方形而上学传统的大加责难。解构主义认为结构主义哲学思想是形而上学的、静止的、僵化的，因而针锋相对地提出要予以“解构”。

从带有解构主义特征的建筑作品中来看，最突出的特点是“失稳的状态”，打破

蒙德里安更多作品

图2-2-5 康定斯基《即兴10号》

图2-2-6 蒙德里安《红、黄、蓝构成》

图2-2-7 蒙德里安《纽约市·一号》

了传统的构图法则，提倡分裂、片段、不完整、无中心、不稳定和持续变化的构图手法。英国建筑师扎哈·哈迪德（Zaha Hadid）设计的广州歌剧院（图2-2-8）的构思方案是“圆润双砾”，即整个歌剧院由两块“石头”组成：“大石头”是大剧场，“小石头”是多功能剧场与配套辅助用房。两块类似“顽石”的建筑物与周围造型相对规整的高楼大厦形成鲜明对比。

法国艺术家马塞尔·杜尚（Marcel Duchamp）在他的作品《新寡妇》（图2-2-9）中解构了语言文字，用“寡妇”（widow）和“窗户”（window），两个具有相似特征（英文）的词制造“误解”，以这样一种新的方式提供给观众更多的想象空间。而他最经典的作品之一《泉》（图2-2-10）也同样采用了解构的手法。1917年，杜尚在纽约独立艺术家协会举办的展览上展出了一个签有自己名字的小便池，并给它命名为《泉》。杜

图2-2-8 扎哈·哈迪德 广州歌剧院

扎哈·哈迪德更多作品

图2-2-9 杜尚《新寡妇》

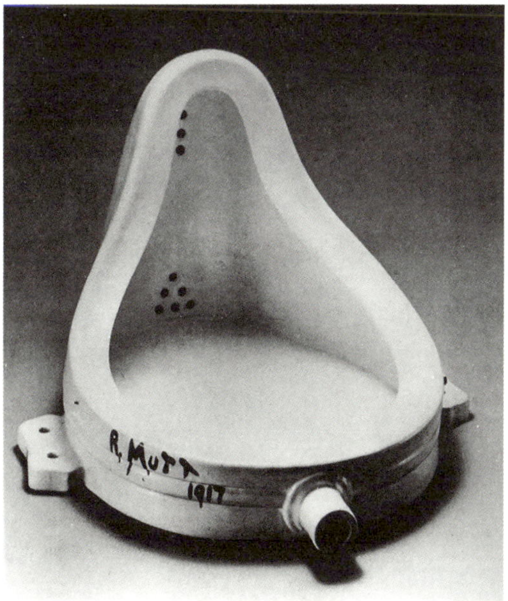

图2-2-10 杜尚《泉》

尚这样解释这件作品："我是否经由自己的双手来制作此喷泉，并不重要，重要的是我选择了它，采用了一个日常生活物品，经过我的处理使它原有的意义消失，在新的标题与观念之下，为自己创造了新的思维。"杜尚通过对物品意义与功能的分解和重构，以达到解构一件物品的符号性和功能性，从而构成新的意义。

英国艺术家大卫·霍克尼（David Hockney）的拼贴画采用了特别的重叠和拼合（图2-2-11）。他通过拍摄不同角度和透视的物体和风景，将事物本身的形态解构成为分散的局部符号，再重新组合，是一种对于视觉的解构手法。

解构主义理论为年轻的图形设计师提供了一种有力武器。对于那些传统的、经典的、"完美到无法改变"的图形，我们可以用一种"打散重构"的方法去突破限制，进行再创作。这种理论也提醒我们，通过将旧元素重新组装、拼贴而赋予一种新概念，或者将旧概念用新的视觉元素重新阐释，都不失为图形创作的有效途径。

图2-2-11 大卫·霍克尼拼贴作品

5. 表现主义

表现主义所展现出来的艺术语言充满了主观性和表现性。艺术家们在创作中表现出对现实的揭露以及内心情感，并开始探索和突破画面语言，包括色彩、线条、笔触等方面的尝试。例如表现主义艺术家弗朗兹·马尔克（Franz Marc）赋予了色彩特殊的象征意义，他认为蓝色代表男性特质、是富有精神性的（图2-2-12），黄色代表女性特质、是温柔愉悦的，红色则是沉重和暴力的象征，这几种色彩经常在他的绘画中出现。线条同样能被赋予特殊的语言含义，挪威表现主义画家爱德华·蒙克（Edvard Munch）非常重视线条的表现力，在他的绘画中，线条是传达艺术家内在精神和复杂情感的载体（图2-2-13）。奥地利表现主义画家埃贡·席勒（Egon Schiele）作品（图2-2-14）中最显著的特点就是对线条的运用，他不仅用线条来塑造形体，也用线条来

图2-2-12 马尔克《蓝马》

图2-2-13 蒙克《太阳》

图2-2-14 席勒 肖像画

传达内心的感受，他充分利用线条的干湿浓淡、轻重缓急、粗细软硬等特点来刻画人物形象。

在表现主义绘画中，笔触是个人意趣和主观情感的重要载体，画家不仅通过笔触形成的痕迹来表现画面的构图、形象、色彩等，还通过笔触所呈现的节奏、动感、肌理等表达个人的内心世界和精神性格。此外，由于艺术家个性以及表达方式的不同，造就了用笔方式、力量、速度的不同，这使得各式各样、极具个人特征的笔触形态得以显现，例如奥斯卡·柯克西卡（Oskar Kokoschka）遒劲有力的笔触、卡尔·施密特-罗特鲁夫（Karl Schmidt-Rottluff）坚实冷峻的笔触、乔治·巴塞利兹（Georg Baselitz）原始稚拙的笔触等（图2-2-15至图2-2-17）。

表现主义艺术理论让图形设计师看清了图形的主观性特征和表现性特征。设计师可以借用色彩、线条、笔触等表现手段，在图形中充分表达内心的主观感受。

图2-2-15 柯克西卡作品

图2-2-16 罗特鲁夫作品

图2-2-17 巴塞利兹作品

6. 达达主义

达达主义提倡反对传统的一切，如反理性、反战争、无政府观念以及提倡无目的、无意义地生活。它是对曾经主导整个艺术历史的创作形式的批判和反驳。达达主义所倡导的这种“反艺术”的艺术是比“经典”艺术性理念更高一层的表达。也就是说，“反艺术”的艺术并不是朝着艺术的对立面发展，而是反对既定的、传统的、现有的艺术形式及艺术追求、审美趣味和传统的做法，提倡推翻传统，进行艺术变革。

出生于奥地利的达达艺术家拉乌尔·豪斯曼（Raoul Hausmann），柏林达达的领导者，也是当时最具视觉创新力的艺术家。他以捡拾来的物品为创作材料，通过将它们组合在一起，来抨击物质主义的罪恶，以及个性与个人身份的缺失。豪斯曼使用语言和拼贴的手法来组合创作，并使用了图形的创新性排版。他使用从报刊中剪切下来的字体与字号各不相同的字母进行精巧拼贴，突出了流行文化的感觉，让人联想到机器批量生产的图像（图2-2-18）。

马克思·恩斯特（Max Ernst）的典型作品是《内部视图》（图2-2-19），恩斯特想象出了一颗蛋的内部结构，即其中由一些不规则图形构成类似鸟类的形象，它们夸张的扭曲变形让人难以将其与自然界中的动物联系起来。这种层叠的组合方式，线条的相互交错，让人分不清头尾，无法将其中的任何一个形象单独提取出来，具有明显的非现实性特征。

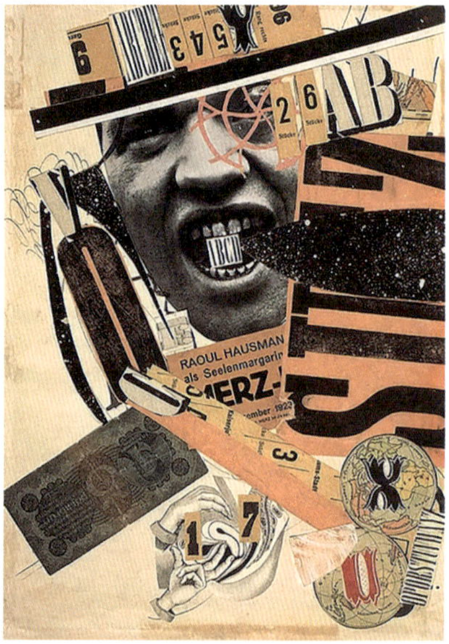

图2-2-18 拉乌尔·豪斯曼《ABCD》

图2-2-19 马克思·恩斯特《内部视图》

第三节 其他学科理论对图形语言的影响

1. 心理学

格式塔心理学（Gestalt Psychology）又名完形心理学，其创始人是德国心理学家马克斯·韦特海默（Max Wertheimer）。格式塔心理学的诞生，打破传统图形设计与心理学之间不可逾越的界限，也打破了传统视觉传达设计中视知觉与思维之间固定的程式，为图形设计的研究提供了新的方向。其中“意向思维”等视觉思维广泛应用于图形设计中，对理解视知觉与图形语言的关系起到了非常重要的作用。

在正确认识视知觉的基础上，格式塔心理学派以“形”的研究为出发点，探索了客观事物经由人类视知觉后发生的一系列变化等问题。客观事物的“形”对我们每个人来说都是不相同的，在其中起重要作用的是我们每个人与生俱来的组织能力和生活经验。换言之，在面对事物时，我们总会不自觉地根据自己视知觉原则来组织客观事物的“形”。这对图形的设计影响颇深，实际上当我们以格式塔心理学的视知觉原理去看待图形设计问题时，必然会发现一个全新的设计思路。

格式塔心理学以“形”为基础，其实是将人的心理及情感孕育在“形”之中，强调了客观事物本身的“形”经由人的视知觉活动所产生的变化。由此提出了格式塔“图形设计”，即当外物与艺术形式中体现的力的式样与某种人类情感生活包含的式样达到同构对应时，事物与艺术形式就具备了人类情感的性质。例如枯藤老树，在人们的意识中天然带有一份凄凉哀伤之美，而这种情境显然与客观事物本身没有任何瓜葛，完全是人的经验、思维、联想所至。那么，我们在图形设计中完全可以运用这些具象事物，借助人类固有的思维或者称其为约定俗成的情境，创造一份寄情于形的艺术作品。

（1）完形原则对图形设计手法的影响

“完形论”是格式塔心理学最基本的观点，人在视知觉过程中，总是有一种追求事物结构整体性或完形性的特点，这称作知觉的整体性。根据格式塔心理学的观点，在知觉过程中，知觉的对象往往是由许多个部分组成的，各个部分有不同的特征，但大脑并不是孤立地反映这些部分属性，而是把它们结合成某个整体或完形，这里所谓的整体并非各部分要素之和，而是经由知觉组织从原有构成成分中“凸现”出来的全新整体。如图2-3-1是格式塔心理学家用以说明其整体论思想的一个常用图示，我们本能地会把它看成一个白色的三角形覆盖着三个圆形，然而分解图形，却发现只有三个缺口的圆形，一个三角形都没有，它们之所以会被看成一个虚幻的三角形，正是因为我们知觉具有能外推或填补空缺的轮廓的完形性。

图2-3-1 无形的三角形

在标志图形的设计中也常常利用

知觉的完形原则，以产生更为丰富的图形表现手法，例如IBM标志（图2-3-2）就是基于这个原则进行的设计，根据知觉经验，我们会下意识地将一些中断的线条连接起来，尽管标志字母被一些白色线条阻断成一个个独立的几何形状，但观众仍然能够将这些图形连接成完整的字母。

（2）视知觉中的“图与底”

所谓图与底，根据格式塔理论，“图”就是画面中那些从背景中凸显出来的形，而那些还留在背景中的形就是“底”。实际上，究竟哪些形处于突出地位，哪些形处于后面，主要由两方面来决定：一方面取决于设计师的意图，运用设计法则进行图底的经营布局，形成明确关系；另一方面取决于观者的知觉判断能力。观者是根据某些形的突出程度来判断是图还是底，真正决定形的突出程度的因素是复杂和多方面的。设计师根据这一心理学特性，在设计中使背景和前景图形在知觉中相互转变，在视知觉上处于一种不稳定的状态，由此形成了正负形互生的图形语言（图2-3-3）。

（3）“形”与“意”的建构

图形设计形态与意义的理想化表现方式就是“以形达意”，也可称之为“完形达意”。因为图形设计的目的就是快速有效、清晰准确地传递信息，且尽量不让观者产生误解。格式塔心理学认为，艺术表现最理想的形态不是现实的再现，而是与现实同构的意象。通过“完形”的认识而至“达意”之境，由此产生交流和沟通，使观者理解和明白图形设计所要传达的含义。设计师采用合宜的手法创构特定的形式语言，观者的欣赏过程本身就包含了个人的视觉经验和审美习惯，即意象的二次创造。图形由格式塔的“完形”到“达意”的转变也同时完成。如瑞士招贴设计大师尼古拉斯·特罗斯勒（Niklaus Troxler）的招贴作品（图2-3-4）。基于对爵士乐深刻的理解和热爱，作品中的图形处理高度意象化，用线条组成的造型以及鲜明的色彩，完美诠释了爵士乐给人们带来的欢乐。由此可见，思维意象和艺术境界的创造，是建立在设计师与观者的精神共鸣基础上，由二者共同完成的。

图2-3-2 IBM标志

图2-3-3 图形设计中的“图与底”

图2-3-4 尼古拉斯·特罗斯勒作品

2. 符号学

符号学是指对标志以及人们是怎样理解词语、声音或图形的一些理论原则的研究。狭义的符号是指语言以外的符号，广义的符号学将一切符号系统作为研究对象，其中就包括了图形。图形语言与符号学的关系密切。可以说，图形本身就是以一定的符号方式构成的。设计者借它向受众传达自身的思维过程与结论，并使大众了解设计者所希望表达的思想情感。

美国哲学家查尔斯·桑德斯·皮尔斯（Charles Sanders Peirce）根据符号的能指和所指关系将其分为三类：图像性符号、指示性符号和象征性符号。其中，图像性符号指的是能指与所指之间具有相似图像的符号，图像符号使用肖似的方式来表征所指对象，这种方式直接明了，易于理解。例如：国画中描绘的高山和松柏，与现实生活中客观存在的景色有高度相似之处，国画中的图形符号形象地反映了现实中的真实景色。指示性符号是能指与所指之间存在内在因果关系的符号，其实质是反映了作为符号载体的图形本身的内容与形式的统一关系。例如：路标、站牌、商标等图形都属于指示性符号。当我们在博物馆中看到一个“箭头”符号，就会知道应该朝着箭头的方向行走。也就是说，当这个图形能够标志或预示某事，并且这个规律被人们所掌握，则这个图形符号便可以被看作是指示性符号。象征性符号的能指与所指之间存在着约定俗成的联系，它们的表征方式建立在社会约定的基础之上。例如我们所熟知的鸽子象征和平，玫瑰花象征爱情等，这些事物与所指对象之间没有外形或因果联系，而是使用人为的约定将它们联系起来，并得到了一定的社会群体认可，因此被称为象征性符号。

在图形设计中，符号学理论显示出了独特的实践性特征。以传统图形符号为例，中国传统图案中常见的“冰梅纹”，寓意高洁美好，这一元素被运用在了2022年冬奥会和冬残奥会的奖牌设计中（图2-3-5），设计符号是文化的载体和传递者，同时又是文化的积淀者，它传递出人们的内心世界和思想感情。设计者通过对传统图形符号进行提炼和创作，使其成为优秀的视觉图像，最终实现传递美好意义的目标。符号学在图形元素的特征提取与运用中发挥了重要作用，设计者可以根据符号形式及其语意表达，确定最为合适的设计表现符号。

图2-3-5 2022北京冬奥会奖牌中的“冰梅纹”元素

3. 传播学

从传播学角度来说，图形所拥

有的表达功能即为“传”。图形的实质就是信息传播，需要从传播学的角度去分析其对图形语言的影响。美国社会学家哈罗德·拉斯韦尔（Harold Lasswell）将传播的过程分为五大要素，即谁（Who）、说什么（Say What）、通过什么渠道（In Which Channel）、对谁说（To Whom）、产生什么效果（With What Effect），说明任何一个传播过程都由五部分组成：传播主体、传播内容、传播渠道、传播对象和传播效果。尤其是随着数字化时代的到来，传播媒介的形式和功能发生了巨大变化，并且从各个方面影响着图形语言的发展。图形由以往形态上的平面化、静态化开始转向动态化、综合化，从二维平面延伸到三维立体，传播媒介也由传统的纸媒转向电子屏幕、虚拟现实的传达。图形语言在数字媒体的推动下发生了质的改变。

与传统的平面图形设计相比，数字化多媒体传播形式中增加了光影、动效、立体以及交互等元素。新的传播途径要求设计师更加注重图形整体布局的多样性、动态性和立体感。电脑的数字化屏幕显示取代了纸张、画笔、颜料等设计媒介，电子屏幕带来了新的造型语言和表达方式，运用虚拟的概念而非物质实体进行图形表现，并且融入了互动语言和数字符号，新的传播媒介的应用为图形语言开辟出了新的美学形态和表达手段。借助于数字多媒体的技术条件，图形设计更加强调多种手段的综合运用以及图形与其所处的视觉环境系统的结合，传统的平面空间设计思维向立体空间和虚拟空间的传播媒介扩展，使图形呈现出多元化、多维度的表现方法。

从传播学的角度来说，数字化媒介更加重视受众和作者之间的互动。交互性是数字化图形的设计与传播中最显著的特点，观众不再仅仅是信息的接受者，而是拥有更大选择自由和参与机会的选择者和体验者。从单一的平面传播媒介来看，图形设计很难让观众获得身临其境的感受。而使用交互式的传播手段，可以使图形不受时间和空间的限制，特殊的交互设备还能赋予图形体积与重量，实现观众与图形的“直接接触”，为图形语言增加触觉、听觉、视觉等多重感官体验的突破。

4. 自然科学

自然科学是研究自然界的物质形态、结构、性质和运动规律的科学。在科学技术的发展下，图形设计领域与自然科学相互融合，为图形设计带来更多可能性。

（1）泰森多边形

泰森多边形又叫沃罗诺伊图（Voronoi Diagram），是自然科学中一种重要的算法，是一组由连接两邻点线段的垂直平分线组成的连续多边形，其特点是多边形内的任何位置离该多边形的样点（如居民点）的距离最近，离相邻多边形内样点的距离远。泰森多边形在气象学、地理学、计算几何等领域都有重要的应用。在自然界中许多不同的自然结构都与泰森多边形的图形十分接近，其本身的图形关系就具有一定的美学特征。如叶脉、蜻蜓翅膀的纹路、长颈鹿的花纹、陆地裂缝、蜂窝、鳄鱼皮肌理等自然结构（图2-3-6）都有与泰森多边形相似的独特网状结构。根据泰森多边形的图形特征，艺术设计领域常常将其运用在图形设计上，这种设计形态依赖于算法设计与参数化设计的方案，借助计算机技术形成独特的图形语言。如日本建筑师伊东丰雄（Toyo Ito）设计的“御木本，银座2号（MIKIMOTO Ginza 2）”珠宝店（图2-3-7），模拟泰森多边形图形生成了具有宝石形状的建筑表皮，与品牌定位相呼应。这种基于数字算法的图形不仅

图2-3-6 自然界中的“泰森多边形”

图2-3-7 御木本，银座2号（MIKIMOTO Ginza 2）珠宝店

图2-3-8 水立方外墙

具有装饰性，还是平面图形的立体化实践，给建筑空间的发展创造了更多可能性。北京奥运会的水立方建筑外墙（图2-3-8）也是基于泰森多边形进行的设计。设计师将水分子的概念进行符号化，利用几何图形来模拟水分子结构，对建筑空间进行有效的模数化分割，形成了兼具分子形态与科技感的建筑外观。

（2）螺旋艺术

自然图式中有着人为制造所无法比拟的视觉冲击力以及生命力，早在新艺术运动时期，艺术家们就从自然生长的植物藤蔓中获取线条灵感，形成了流畅、优美的螺旋曲线。这种源于自然的螺旋线最早由古希腊时期著名数学家阿基米德发现，因而得名阿基米德螺线（Archimedean spiral）。自然界中许多物体都呈现出等角螺线的形态（图2-3-9），例如动物界中海螺壳与蜗牛壳的纹路，植物界中向日葵和雏菊花蕊所呈现的花序，自然现象中龙卷风、海洋旋涡的流向等。古今中外的很多艺术家都受到了自然界中螺旋元素的启发，并将这种螺旋图形进行艺术加工融入作品当中，呈现出不同于自然图式的抽象与符号化。杜尚实验了几种动态旋转的物体（图2-3-10），以产生各种光学效果。他的“旋转浮雕”被制作成一套六个双面纸盘，在转盘上旋转。当旋转时，旋转浮雕会产生各种感知现象，从而形成动态三维螺旋艺术效果。

斐波那契螺旋线，也称“黄金螺旋”，是根据斐波那契数列绘制出来的螺旋曲线。自然界以及艺术作品中同样存在许多斐波那契螺旋线的图案。例如将鹦鹉螺壳对半破开，其内腔中呈现出尤为明显的斐波那契螺旋线结构（图2-3-11）；人的耳朵形状也符合斐波那契螺旋线结构的规律，这样的构造可以帮助人们更好地接

图2-3-9 自然界中的螺旋纹

图2-3-10 杜尚《旋转浮雕》

图2-3-11 鹦鹉螺内部结构

受声波。在图形艺术中，斐波那契螺旋线被认为具有最完美的黄金比例，苹果公司的logo设计中就运用了这种黄金比例，可以发现苹果logo正是由半径成斐波那契数列的圆切割而成的（图2-3-12）。

DNA（脱氧核糖核酸）呈现出“双螺旋”的结构样式（图2-3-13），这种结构具有立体与空间感，相比较“等角螺线”结构，“双螺旋”结构被更加广泛地运用到立体图形中。哈佛大学Wyss学院的标志（图2-3-14）就是以“双螺旋”结构为原型进行

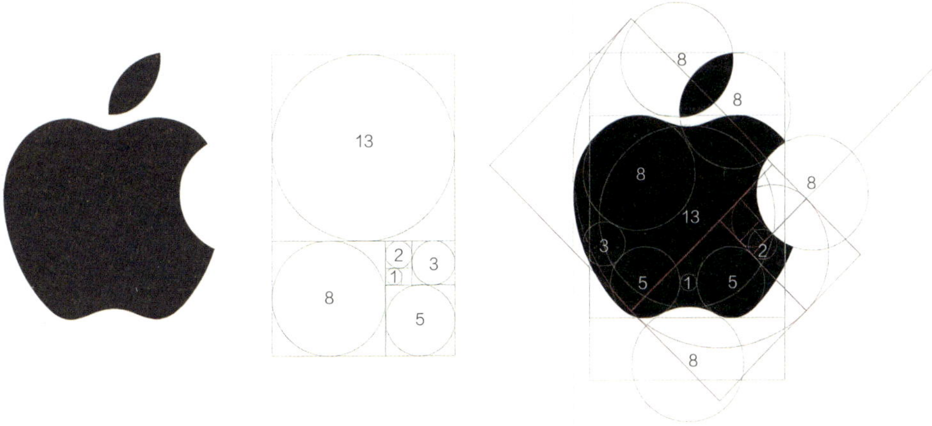

图2-3-12 苹果logo中的斐波那契螺旋线

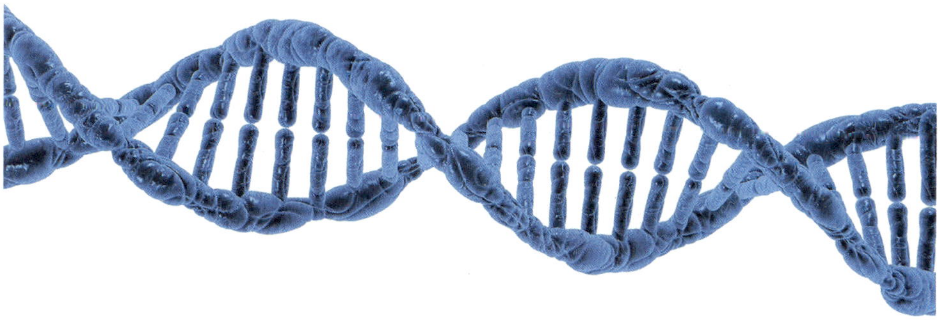

图2-3-13 DNA模型中的“双螺旋”结构

图2-3-14 哈佛大学Wyss学院的标志

设计的，提取DNA结构中的部分双链，将其概括为两股线，形成了一个具有立体感的标志图形。

★思政训练项目

在2023年杭州亚运会开幕式中，由3D打印技术制作而成的运动员引导牌别具一格，设计者将中国传统的古典纹样和工笔牡丹进行符号化处理，并结合先进的数字技术设计出了形似镂空扇面的引导牌。这种将传统图形与科技创新结合的设计案例在弘扬优良中华文化上有什么优势？试分析还有什么其他方法可以将传统纹样融入现代生活。

3 CHAPTER

第三章

图形语言要素与组织结构

本章深入探讨了图形语言的基本组织结构。第一节着重介绍了图形语言要素中的基本元素“点、线、面”和基本形的概念与特点，第二、三、四节拓展了图形语言在编排、空间和运动等方面的运用，开拓了设计维度，使得我们能够从平面延伸至立体，从静态过渡到动态。此章内容是“平面构成”中“点、线、面”“基本形”等概念的承续和延伸。通过深入了解本章内容，读者可以更加全面地认识到图形语言的基本组织结构和多样化表达方式，同时激发读者对图形设计无限可能性的思考。

第一节　图形语言要素

1. 点、线、面

任何图形都是由一些基本元素组成的，美国哲学家、符号论美学家苏珊·朗格（Susanne K. Langer）对“基本图案”的描述揭示了图形基本元素存在的意义：“基本图案作为一种组织方式，给了艺术家的想象一个起点。例如圆圈、三角形、螺旋线、平行线——都被当作构图的基本图案。它们本身并不是艺术‘品’，甚至不是装饰，而是包含在作品中，使艺术创作得以进行的某种因素。”也就是说，图形总是由一些基本元素组成的。如果仅仅审视这些基本元素，它们可能没有什么艺术特点，有些基本元素甚至连装饰的功能都不具备，但它们是图形的组织结构，没有这些基本元素，无法构成图形。图形的组织结构中，最基本的形态元素可以归结为点、线、面三种。三者的转换关系可概括为：点是图形三要素的构型基础，线是点在移动中留下的轨迹，面是点的密集或线的移动轨迹。

（1）点

在几何学中，点是零维度对象，点作为最基本的几何元素，通常是几何学、物理学、图形学等多个学科领域中最基本的组成部分。在图形学中，一个点的外形是不确定的，点的大小与形状均可以改变。也就是说，点的形状本身就是相对的，它是在与周围其他形态相比较时存在的。同一个形态，在与不同形态的对比关系中，可以被看作点，也可能被看作面。比如说，一只骆驼在茫茫沙漠中行走，这只骆驼相较于沙漠的面积与大小来说，可以是一个点。但是当我们将视线拉近，将骆驼作为视觉主体时，它就不是一个点了。而此时骆驼的五官相较于骆驼本身而言还只能算是点。从抽象的角度或人们想象的情景来看，典型的点是小而圆的，但事实上它的大小比例和外轮廓都是相对的，点可以是三角形的、锯齿状的，也可以是任何不规则的形状。除了点的形状外，点的排列与组织也可以变化无穷、丰富多样，例如规则排列的点、散落的点、聚合的点、大小不同的点等。点的可塑性是无穷的，不同的点拥有不同的视觉语言。

点的线化：点与点之间存在张力，点的靠近会产生线的感觉，将“点”按照一定的方向进行有规律的排列，给人的视觉留下一种因点的移动而形成的线化感觉。如虚线就可以直观反映点经过线化后的特征（图3-1-1）。

点的面化：点的密集排列并达到一定面积会产生面的效果，产生点的面化感（图3-1-2）。

点的重合：将大小一致的点以相对的方向运动，逐渐重合，从而产生微妙的动态视觉效果（图3-1-3）。

点的韵律：将大小不一的点按照一定的顺序、轨迹或方向置于同一平面中，由于结构关系的疏密、大小不同而在视觉上形成优美的韵律感、节奏感（图3-1-4）。

图3-1-1 点的线化

图3-1-2 Leib Chigrin 点的面化

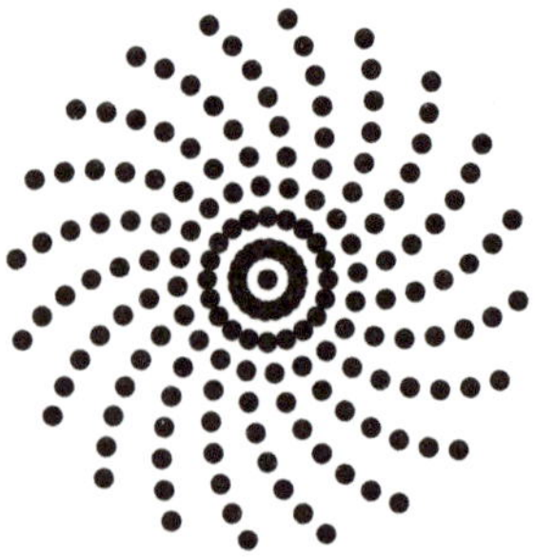

图3-1-3 点的重合

图3-1-4 点的韵律

更多关于点的设计作品

（2）线

线是点的延伸。在几何学中，线是一个看不见的实体，它是点在移动中留下的轨迹，因而它是由运动产生的。线可直可曲、可动可静、可主动可被动，线可以指示方向，划分形状和空间的界限，表现运动或情绪。在几何学中的线具有位置和长度，在图形学中还具有宽度、形状、色彩和肌理。斑马线、琴弦、电线、头发、闪电、江河、山脉等，构成了自然界中有形的线和无形的线。

俄罗斯艺术家瓦西里·康定斯基（Wassily Kandinsky）将直线分为三种类型：一是最简单的水平线，他将水平线形容为"冷与平""以最简洁的形式表现出运动无限的、冷峻的可能性"。二是垂直线，它竖起正好与水平线构成直角，是温暖的代名词。三是对角线，是冷与暖程度相等的结合。

除了直线外，曲线也可根据不同划分标准分为多种类型，如开放的曲线（弧线、旋涡线等）、封闭的曲线（圆、椭圆、心形等）或自由曲线、几何曲线等。自由曲线是不借助任何工具，随意徒手绘制而成的曲线，自由曲线富有弹性，轻松而自然。几何曲线是规矩绘制的曲线，象征着优雅、有秩序，具有较强的规律性和速度感。（图3-1-5至图3-1-8）

人类早期的绘画中就含有很多线条元素，中国原始社会新石器时代的图形纹样中包含了大量关于"线"的符号。直线结构的图形如半坡型彩陶中的折线纹、三角纹、斜线纹，还有以三角形、直线等几何形状组成的鱼纹；曲线结构的图形如马家窑类型的螺旋纹、半山型的旋涡纹等。法国拉斯科洞穴中的牛形绘画线条粗犷，用豪放的线条展现出

图3-1-5 自由曲线 沙漠的纹路

图3-1-6 自由曲线 随意的手绘线条

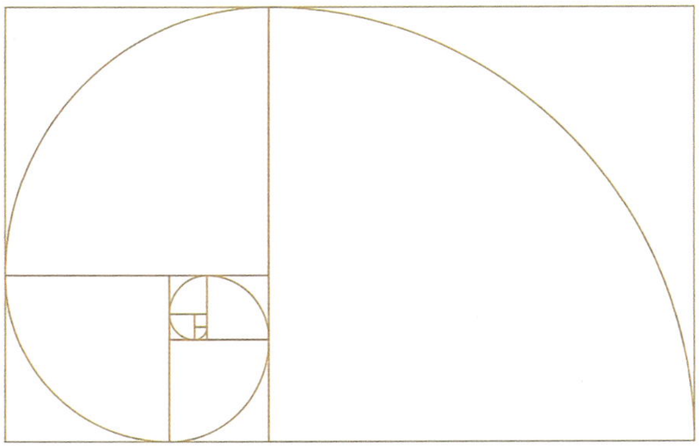

图3-1-7 几何曲线 黄金分割线

图3-1-8 几何曲线 流线型汽车设计图

牛的动态，十分生动。西班牙阿尔塔米拉洞窟中也有用线条描绘的牛，沉稳又整齐的线条使这里的牛看起来健壮有力。（图3-1-9至图3-1-12）

中国传统绘画也特别重视线的运用，中国画的“十八描”即十八种线条的表现技法（图3-1-13）。这些不同形态的线条分别用在不同的对象上或者用在不同的画面中，有助于更好地表现所绘对象的特点，也有助于营造画面的意境。历代画家都极为重视线条的运用。“十八描”可谓传统中国画独特的图形语言。无论在写意绘画还是工笔绘画中，线条对于画面语义表达都非常重要，线条自身的形式美感也常常是经典中国画最重要的魅力所在。

线的运用在当代图形设计中也起着至关重要的作用。首先，线具有连接视觉元素的作用，当画面信息过于零散，呈现效果不够清晰时，可以通过线将所有信息串联成一个整体，从而使相对独立的视觉元素具有统一性而又不失活泼和动感。其次，线条还能将不同层次的信息进行分割整理，使画面更有条理，带给观者以张弛有度的

更多关于线的艺术作品

图3-1-9 折线纹桶状彩陶杯

图3-1-10 漩涡纹彩陶罐

图3-1-11 拉斯科洞穴壁画中的牛

图3-1-12 阿尔塔米拉洞窟中的牛

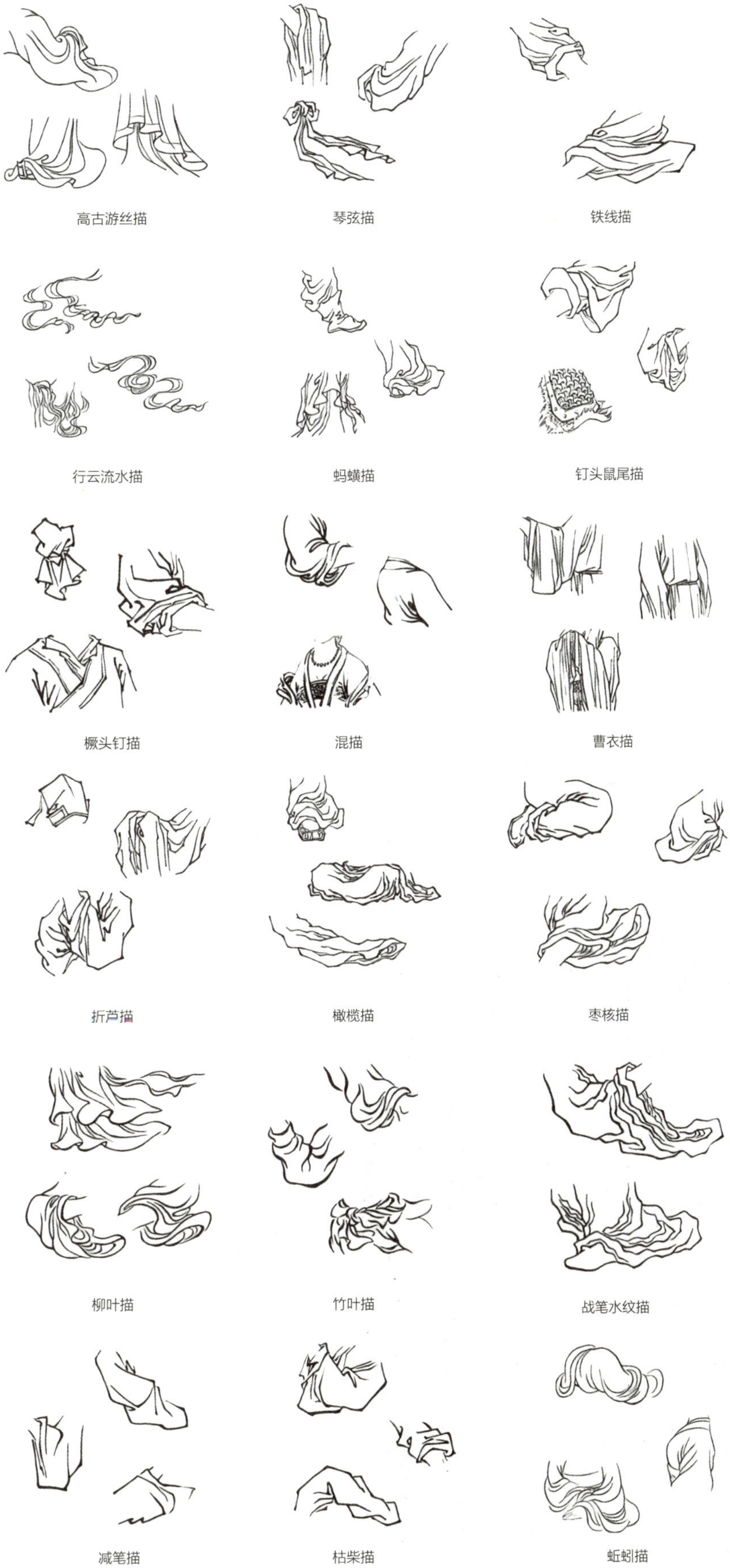

图3-1-13 中国画“十八描”所表现的不同线条及其特征

感受（图3-1-14）。在包装设计中，线除了能将产品的外部形态展开描绘，还能传递产品的内在精神理念。创作者运用不同形态的线来表现产品的造型美感，能够很好地将产品的物质形态与内在设计理念结合起来。如图3-1-15饼干包装中，设计者特意放弃通常会出现在食品包装上的产品图片，用点与线的结合表现饼干的基本特征，这种方式使包装能够以各种有吸引力的配置堆叠在一起，最大限度地提高陈列的视觉效果。而相交的线与不规则的线在图形设计中的运用则能呈现出风格迥异的视觉效果（图3-1-16）。

更多关于线在当代图形设计中的运用案例

图3-1-14 线的运用

图3-1-15 Pocky饼干包装

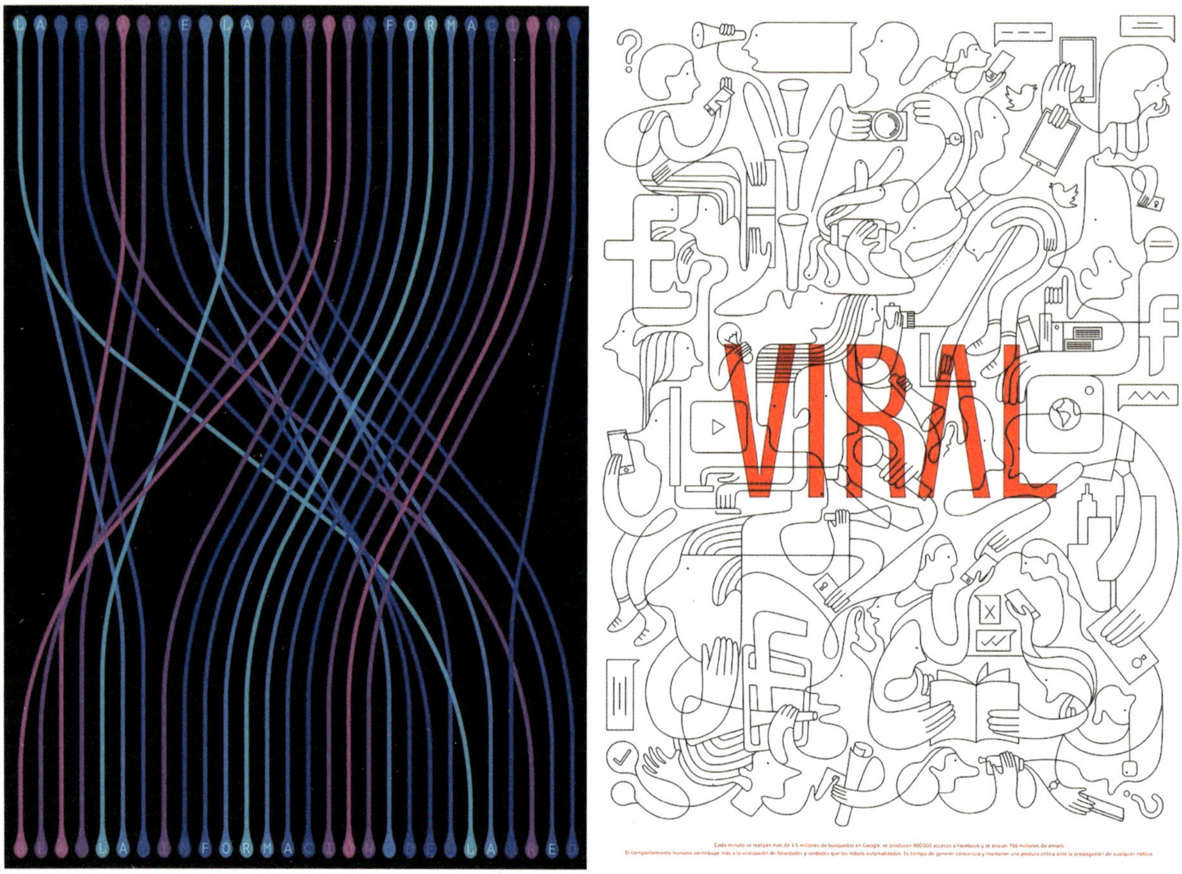

图3-1-16 相交的线与不规则的线（2019玻利维亚国际海报双年展获奖作品）

（3）面

面是点的密集，或线的移动轨迹。与点相比，它是一个平面中相对较大的元素。几何学中的面有长度、宽度，没有厚度。图形学中的面有长度和宽度，也可以用增加“侧面”和投影的方式带给观众以“厚度”的视觉感受。面是平面中起主导作用的元素，由于它在画面中所占的面积大，因此所产生的视觉感染力常常也很强烈。

面的种类可归纳为规则形面和不规则形面。规则形面中包括了常见的几何图形。如正方形由两条相同的水平线和垂直线构成，是基础平面中最客观的形态，用垂直线和直角组成的正方形有着平静与稳定的性格。而圆形可以看作是由多边形的角不断增加，逐渐变为钝角，直至完全消失，最终形成圆形。圆形饱满的外形充满着张力与生命力。不规则形面的形态和种类更多，如小到带有锯齿状的树叶形状的面，大到耸立的高山形态的面。不规则形面更富于独特的个性特征。

面还能引起视错觉现象，其中比较典型的是“艾宾浩斯错觉”（图3-1-17）、“加斯特罗图形”（图3-1-18）、“弗雷泽螺旋”（图3-1-19）。

德国心理学家赫尔曼·艾宾浩斯（Hermann Ebbinghaus）发现，两个完全相同大小的圆放置在一张图上，其中一个被多个较大的圆围绕，另一个被较小的圆围绕，被大圆围绕的圆看起来比被小圆围绕的圆还要小，这种视错觉被称为“艾宾浩斯错觉”。

两个扇形上下放置，从视觉上看下方的扇形比上方的要大一些，但实际上两个扇形的形状和大小完全相同，这种面的错视被称为“加斯特罗图形”。

“弗雷泽螺旋”的错视在于视觉上好像是螺旋纹，但实际上是同心圆。圆与圆之间的缠绕感使整张图片产生了螺旋纹的视觉效果。

在图形设计中巧妙运用视错觉规律，既能避免不必要的误解，也能营造一些特殊的视觉效果。

2. 基本形

图形的基本元素除了点、线、面以外，也可以是基本形，基本形的形态千变万化，可以大致划分为以下三类。

（1）几何形

即从自然形象中抽象出来的，具有数学叙事语言的形状，如圆形、矩形、三角形等，以及它们的立体形态：球体、锥形、立方体等。几何形的轮廓线光滑平整，在画面的构成中通常被用来概括或简化，如将月亮、盘子、披萨、珍珠等物体概括为圆

更多关于面的设计作品

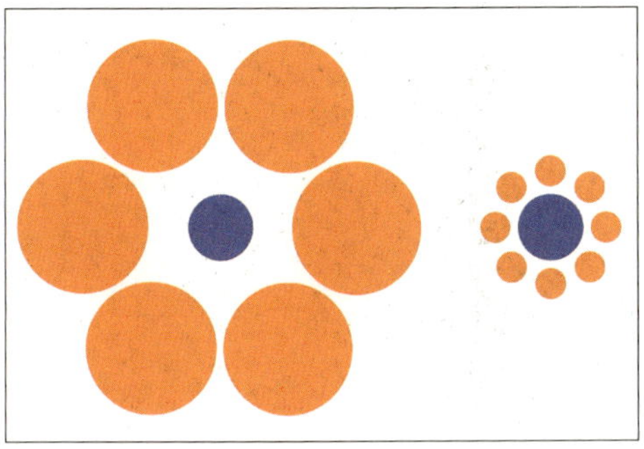

图3-1-17　艾宾浩斯错觉

图3-1-18　加斯特罗图形

图3-1-19　弗雷泽螺旋

形，将高楼大厦概括为一个个长方形，这样的概括省略了真实物体的细节，使构成画面的形态产生整齐而有秩序的统一感。

除了用于概括物体外，几何形在画面中通过特定的规律或骨格进行排列，还能使画面产生丰富的韵律感（图3-1-20）。

（2）拟物形

拟物形是模仿自然界中存在的物象形态，它比几何形多了写实细节，如明暗、肌理、透视、质感等。拟物形来源于生活，在视觉上更加易于识别（图3-1-21、图3-1-22）。

（3）自由形

自由形具有不规则的外形轮廓，大多为曲线形态。它不受规则外形的限制，给了创作者自由的发挥空间。自由形有丰富的组合方式（图3-1-23、图3-1-24）。

图3-1-20 几何形按特定骨格进行排列

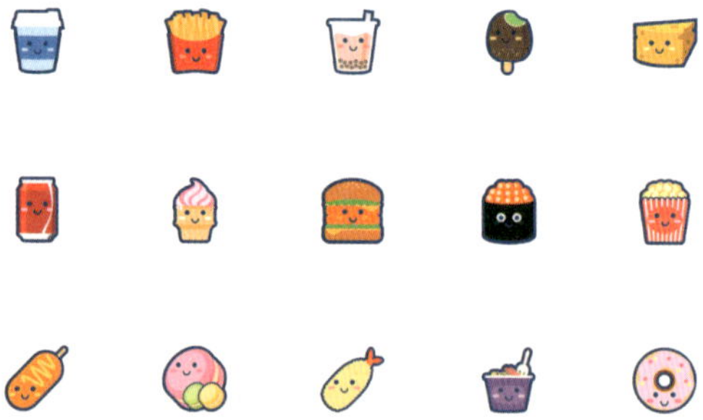

图3-1-21 Flash1987 拟物形图标

图3-1-22 第八届雷鬼音乐节海报大赛获奖作品

图3-1-23 黄可橙 墨的声音

图3-1-24 2022罗马尼亚国际海报大赛获奖作品

3. 色彩

（1）色彩的情感

人类对色彩的认识有久远的历史，有了光和火焰，人们对色彩就有了感受。正如火焰产生光一样，光又产生了色彩。自然界中有两种光：一种是自然光，如阳光；还有一种是人造光，如白炽灯光、舞台灯光等。这些由光源发出的光的颜色被称为光源色。不同的色光照射在物体上会产生不同的色彩倾向，如傍晚的夕阳是暖色的，把周围都渲染成金黄色，让人感到温馨（图3-1-25）；白炽灯的光线是冷白色，可以把书本上的字照得格外清晰，色彩倾向为冷色调（图3-1-26）。色彩能够表现情感，不同的色彩可以使人产生不同的生理和心理反应。色彩之间的组合也能产生丰富的视觉冲击与情感回应。

图3-1-25 暖色调

图3-1-26 冷色调

（2）色彩的象征

色彩是图形传递和表达情感的过程中不可缺少的元素，色彩具有象征作用，不同的地域、民族、种族等因素，使色彩形成了具有差异的象征意义，是人类对于世界认知的一种表现。同样的色彩在不同的语境下也能呈现不同的含义，中国文化传统中常出现在葬礼上代表悲伤的白色，在西方却是婚纱的主要色彩，他们用白色来形容爱情的纯洁与忠贞。在图形设计中要考虑用户的文化背景，进行合理的色彩搭配。

红色的波长是可见光谱中最长的。在自然界中，血液、火焰、太阳是红色的，因此红色总能引起人的兴奋、热烈和紧张。在中国，红色通常代表喜庆和美好，让人感到温暖、快乐（图3-1-27）。逢年过节，人们穿着红色的衣服，家门口贴红对联，赠送“红包”以示祝福。红色还代表着警示（图3-1-28），过马路时的红灯禁止通行，安全标语的红色背景。在某些特定语境中，红色象征恐怖。在伊顿色彩理论中，偏黄的红色（即红橙色）是富有生气的大地，是充满内在温暖的；偏蓝的红色（即红紫色）则暗示精神的爱。

黄色是色相环中最亮的颜色。在与深暗色调并置的时候，它总是最突出最显眼的颜色。它富有生命力，能够让人感到温暖和希望。在梵高的作品中常常能够看到艳丽饱满的黄色。《向日葵》（图3-1-29）中金黄色的花朵如一团团炙热的火焰在燃烧，也展示了它的创作者梵高内心深处炙热的精神世界。黄色还常与丰收、

图3-1-27 代表喜庆的红灯笼

图3-1-28 代表警示的红色标识

图3-1-29 梵高《向日葵》

秋天联系在一起。秋天是收获的季节，大片稻田像金黄色的海洋，能让人感到收获的喜悦。在中国古代，黄色又代表着皇家威严。故宫的屋顶是黄色的琉璃瓦（图3-1-30），皇帝的衣着和用具也常常以黄色为主色，象征着一种森严的等级制度。

蓝色在可见光谱中的波长相对红色来说较短。蓝色是冷色调，从色彩语言上来说是收缩的、内向的。蓝色能让人感到冷静、沉稳。与暖色调的色彩相对，蓝色有一种冬天的寒冷和孤寂。蓝色可以是广阔的天空，也可以是浩瀚的海洋（图3-1-31）。蓝色是理性、科技的象征，所以很多强调科技特色的图形常用蓝色（图3-1-32）。

绿色象征着希望、富饶和自然。自然界中大量的植物是绿色，是万物生长的标志。在当代设计中，绿色也通常代表着环保、无公害。例如“绿色食品”标志（图3-1-33）的色彩为绿色，表示产品的来源地生态环境良好，种植过程无化学污染。

图3-1-30 故宫的黄色琉璃瓦屋顶

图3-1-31 蓝色的天空和海洋

图3-1-32 Meta公司标志

图3-1-33 绿色食品认证标志

（3）色彩组合变化

图形中色彩的运用是变化多样的。同一个图形所用的色彩存在对比关系，不同图形之间也存在色彩的对比关系。为某个图形赋予色彩的时候，要综合考虑图形的形态、色彩带给人的情感体验，受众的文化背景、流行色的影响等，并且也要考虑与同类图形形成差异，努力追求在视觉上产生“出奇制胜”的色彩效果。莫奈在《鲁昂大教堂》系列油画作品中（图3-1-34），用冷暖不一的色彩去捕捉光线变幻下的教堂，尽管画面的视角一致，但却呈现出了丰富的色彩语言效果。（图3-1-35、图3-1-36）

图3-1-34 莫奈《鲁昂大教堂》系列油画

图3-1-35 徐璐 作品

图3-1-36 鲍湘宇 作品

更多色彩组合变化作品

第二节 图形与编排

编排设计是根据形式美的基本法则，将版面中的文字、图形、色彩等要素加以排列组合，从而营造特定的版面空间视觉形式，促进信息传达。编排设计的作用体现在以下三点。

营造秩序感：通过将图形、字体或色彩按一定的秩序进行排列组合，可以使画面中的视觉元素形成层次感，使所要传达的信息有主次关系、先后次序，令受众不感觉繁杂，提升受众接受信息的效率。

创造逻辑性：通过编排，在各种类型的视觉元素之间创造一种逻辑关系，把视觉元素之间的逻辑关系通过视觉语言的强弱、先后等特点创造性地体现出来，是对所传达信息的理解和再创造。

增强情感性：通过将视觉元素进行恰当组合，能赋予所要重点传达的信息以某种能引发受众共鸣的情感，或者在受众心中形成深刻印象，甚至对受众形成一定的心理暗示，从而令主题信息的传达更有效。

版面中的图形可以辅助文字，帮助理解，起到导读的作用。图片能够形象地把我们的意念表现出来，使原本平淡的画面变成强有力的诉求性画面，更富创造性。图片的放置主要集中在版面的上下左右及对角线的四角，在这些点上恰到好处地安排图片，可使版面清晰、简洁、富有条理性，具有良好的视觉冲击力。其排列关系分为块状和散点两种方式。块状主要强调线之间的分割，具有条理化的特征。而散点则主要强调分散图片与图片之间的距离，采用分散安排的方式，可以给人以自由愉快的视觉感受。

图形三元素中的点、线、面在版式编排中各自表达着不同的情感和视觉冲击力。这三者之间相互联系又存在区别。

1. 点的编排

点是版面中最基本的要素，在版式编排设计中，点是具有大小、形状、疏密和位置属性的，点的不同属性所呈现的视觉效果也不同，给受众心理感受也有区别。一个缩小的点存在于版面中会营造出一个视觉中心，能够吸引人的注意力投向这个点。多个缩小的点共存于一个版面时视觉中心则会减弱，从而形成活跃版面的效果。当点在版面中与其他要素共存时，或者是起到活跃画面的作用，或者填补一定的空间，能形成一种新颖的视觉效果。

点处于版面上不同的位置，反映出来的视觉感受是不同的，传达给受众的心理感受也会有所差别（图3-2-1、图3-2-2）。当点处于版面的中心位置时，所表现出来的

图3-2-1 点的版式编排

2020波兰We Want Jazz国际海报大赛获奖作品

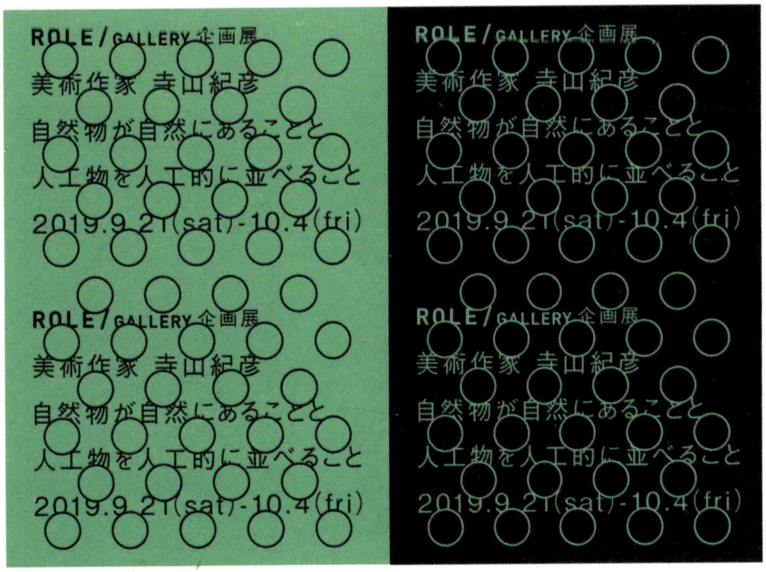

图3-2-2 点的规则排列

2021富山艺术指导大赛获奖作品

视觉感是均衡的，版面空间的比重比较平均，会令人感觉稳重，但同时也往往显得呆板。当点存在的位置在版面的偏左或者偏右时，视觉就会产生偏离的感觉，在心理上会有运动的痕迹。当点的位置处于版面的上面或者下面的时候，此时人的视觉上会发生向上或者向下的视觉线，心理上则会出现上升或者下沉的感觉。众多点在版面上的组合，就能形成线、面、肌理感甚至空间感，具有集群效应，能够塑造和增强特定视觉效果。

2. 线的编排

线的形态既包括我们人眼实实在在能看到的抽象形态的线，这类线被称为实线，也包括人眼看不到但却能引导我们视线运动而形成的线，被称为虚线。实线分为不同属性，包括具有阳刚之美的直线，富有柔美优雅特征的曲线，充满速度感的抛物线等多种类型。不同的线型会带给受众不同的视觉感染力，也就令受众产生不同的心理感知。虚线常常借助版面设计中元素的相互呼应来构成线的感觉，自身并不一定有实体的存在，是视觉编排的一种呈现方式。不论是我们确切看到的实线还是我们视线运动形成的虚线，在版式的编排设计中都具有指引方向、划分空间和形成节奏等作用，给版面增添秩序感、条理感，如图3-2-3中的线条产生如迷宫版的图形，指引着观众的视觉方向。

线的编排具有不同的情感色彩。如线框的设置常用来规范和稳定富有动感的画面内容。若使用细的线框，版面会显得轻快而有弹性；若使用粗的线框，图像有被强调的感觉，版面会显得稳定、封闭。如图3-2-4中，用警戒线划分海报的主次空间，强化烟头的视觉中心地位。

图3-2-3 2022国际城市自然竞赛入选作品

图3-2-4 2022土耳其无烟生活国际海报大赛获奖作品

更多线的编排作品

3. 面的编排

占用版面布局最大的是面，包括几何面和自由面两类，视觉感受上比点和线更加强烈。从形态学的角度来看，面是点或线的集合，也是点的放大。版面中如果仅仅依靠面来表现，容易显得平淡无味，如果将点、线与面结合起来编排，会增加视觉焦点，活跃版面，给受众带来视觉愉悦。面与线框结合编排，对所要表达的信息发挥强调作用，版面也不显得乏味，而是更加饱满。

在版面中面的大小比例会产生丰富的空间层次，如近大远小产生近、中、远三个空间层次。在编排中，可以将主要面放大，次要面缩小，由此强调视觉中心，建立良好的主次关系。这样有目的地进行图形编排，可以引导读者的视线转向重点强调的位置。如图3-2-5、图3-2-6，画面中多个由大到小秩序排列的面能引导观者的视线逐渐集中到画面中心。除了强调视觉中心，面的编排还可以采用耗散视觉的方式，即将版面中面与面，或面与其他元素自由分散编排。这种编排方式打破常规的秩序与规律，强调感性、随意性和自由性。虽然这样的编排画面乍一看显得杂乱无章，但实际上各元素之间的构成都极为讲究。耗散视觉的编排方式所追求的境界类似中国书法中的草书或者中国传统绘画中的泼墨写意，需要创作者对形式感有很强的把控能力（图3-2-7）。

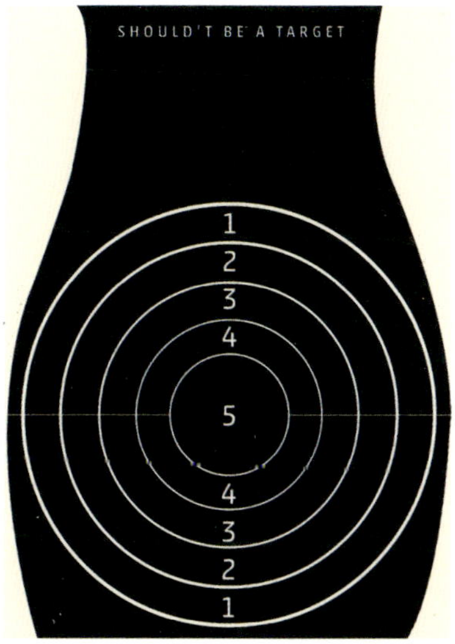

图3-2-5　集中式面的编排

中国台北 杨捷扉

图3-2-6　散点式面的编排

2020波兰We Want Jazz国际海报大赛获奖作品

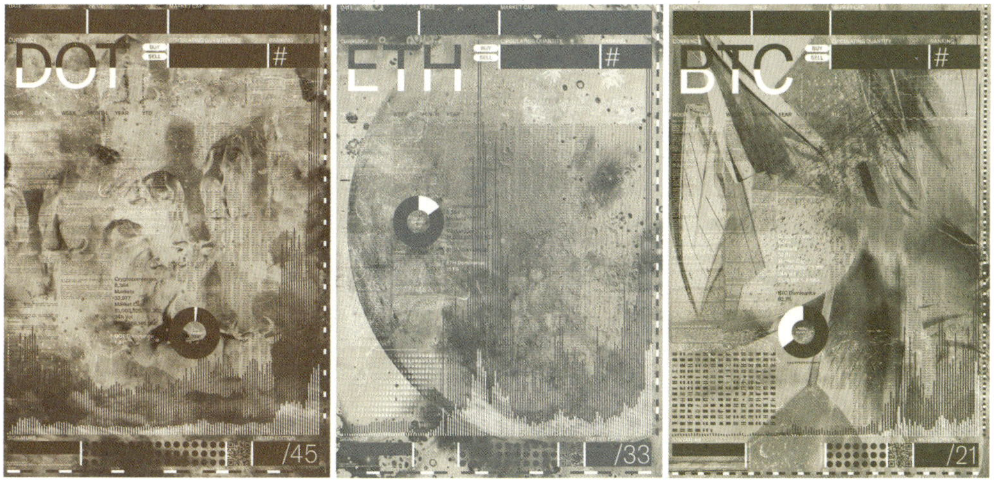

图3-2-7

Cryptocurrency耗散式编排海报设计

第三节 图形与空间

“埏埴以为器，当其无，有器之用。凿户牖以为室，当其无，有室之用”是古代思想家老子在《道德经》中讨论“无”的作用的语句，意思是“将陶土糅合起来做成器皿，有了中间空的地方，才能发挥器皿的作用。开凿门窗建造房屋，有了门窗四壁之内虚空间的部分，才能发挥房屋的作用”。这是对空间价值非常明确的肯定。该段文字所列举的只是实物所营造的实体空间，而在一个由图形元素组成的平面中，视觉空间的重要性同样不容小觑。

平面在空间中占据了一定的长度与宽度。体是在平面的基础上，占据了一定的高度和体量，这决定了其空间性和物质性的存在。体量的空间性意味着我们的观察方式必须形成多角度的格局观，不再只有一个面，而是更全面地360度全方位观察和思考，甚至包括内部结构和外部形态的关联。因为有了全局观，所以点、线、面的形态意味也随之产生变化：二维平面中的点，在空间里很可能代表了一条无限延伸的线；平面中的一条线，在空间上可能是一个圆，也可能是一个多边形；平面中的一个面，空间中可以是体块的某个角度。空间概念的改变给图形带来了新的创意。现代图形学对空间的新认识常常导致画面中出现一个自由构造的非现实空间，形成一个在现实生活中不可能有的空间或结构。如随着观者视点的移动，画面中原来的空间顶面会变成侧面，原来的背景会变成主体形态，原来的二维（亦称2D）平面变成三维（亦称3D）立体（图3-3-1、图3-3-2），甚至还可以制造物象跨越现实空间的活动状态。

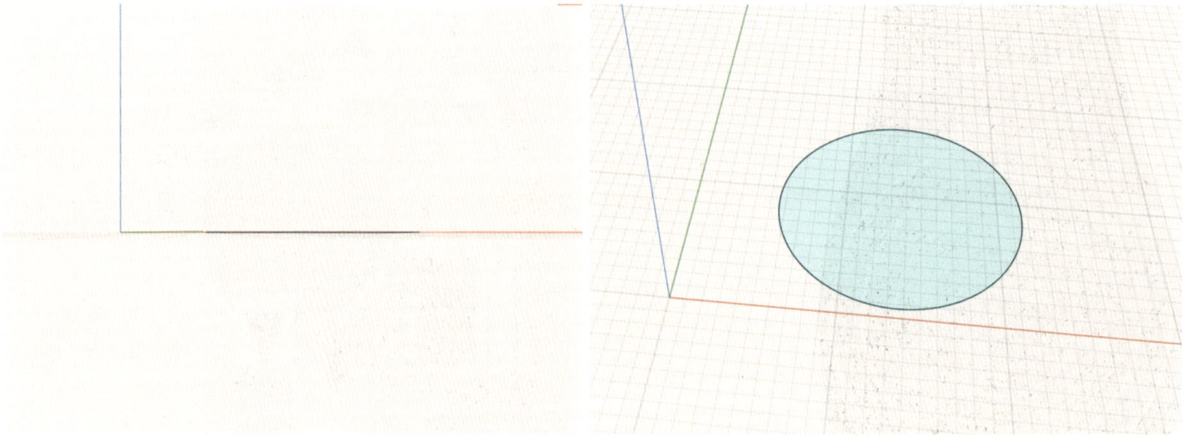

图3-3-1 主视图为一条直线，但以倾斜视角来看是一个圆

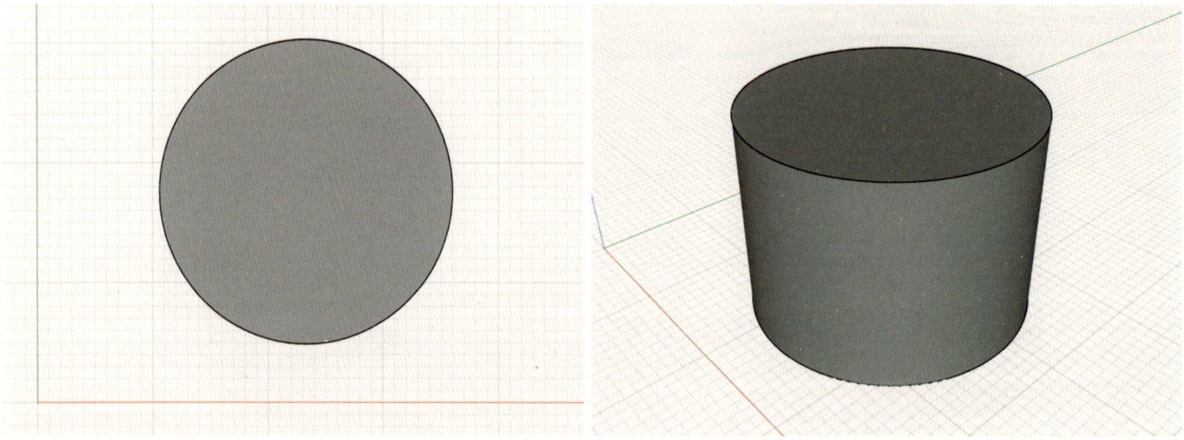

图3-3-2 俯视图为一个圆形，但以立体视角来看是一个圆柱

1. 扁平化

扁平化的特点是通过简洁的配色和线条来展示物体本质，使用高度概括的外轮廓来表现图形，具有明显的几何特征，而对于辅助展现事物详细特征的阴影、材质、纹理等要素进行简化处理，使画面呈现2D效果。但扁平化并不是对空间元素的完全摒弃，通过形体的表现手法同样可以用扁平图形表现出空间效果。在扁平化图形设计中，可以通过形体之间的大小差异来表现空间中的“近大远小”距离感，也可以通过相交、重叠来表达物体的前后关系。扁平化图形可以通过二维的载体来表达更高维度的空间。

扁平插画中的图形视觉效果平整光滑，通常是将主体原型化繁为简，去除所有多余的装饰、细节，用简单的图形去表达和概括主体。简单的图形可以给人带来严谨、整洁的感觉。同时，扁平图形的高度概括实际上也是一种图形的符号化设计，如日本设计师田中一光所设计的《日本舞蹈》海报（图3-3-3）中，用三角形、矩形、圆形等几个简单的几何图形便勾勒出日本歌舞伎的外貌特征，且这种独特的风格将图形的象征性完整地传达给了观众。

2. 2.5D空间

从名称上可以看出，2.5D空间是介于2D与3D之间的一种空间表达形式，以具体的例子来说，前些年十分热门的游戏《纪念碑谷》（图3-3-4）的画风就是运用2.5D空间形式来进行设计的。这种空间形式在许多网页以及APP上同样也可以看到，尤其在启动页的应用上有着很突出的价值。电脑绘图软件包括Illustrator等比较适合用来绘制

更多扁平化图形作品

更多2.5D空间图形作品

图3-3-3 田中一光《日本舞蹈》

图3-3-4《纪念碑谷》

2.5D图形，运用这些软件进行绘图比3D建模的形式要简单许多。而在创造这种2.5D空间形式过程中，最重要的是对光源的设计，通过选择最佳的光源，能够得到最佳的阴影效果，从而确定所塑造物体不同的背光面与受光面，这种重视光源应用的表达形式也是目前极为流行的一种插画表现形式。

3. 三维空间

图形通过透视、明暗、色彩等关系的巧妙运用，可以形成三维立体空间的效果，是视觉传达设计中一种特殊的图形表现形式。这种表现形式拓展了二维表现的疆界，增强了图形在平面范围的表现力。运用这种表现形式，使平面设计的视觉感官不局限于二维空间中；可以与观看者进行更多交流，提升平面图形的趣味性和信息传达能力。

基于点、线、面可以创造出丰富多样的三维空间视觉效果。

点通过有规律的排列形成点阵，点阵中的一些点改变位置、方向、疏密、大小等，可以产生具有空间感的视觉效果。如聚集的点形成深色的“暗部”，稀疏的点形成浅色的“亮部”，呈现出具有明暗效果的三维空间。如图3-3-5的点状足球，点的疏密区分出足球的“亮部”和“暗部”，使画面形成立体效果。点的大小同样也能造成类似的视错觉，面积大的点具有膨胀感，让画面产生部分凸起的效果，而面积小的点具有收缩感，让画面产生凹下的效果。如图3-3-6，点的大小排布可以产生折叠的立体空间效果。

线与线相连构成的线框可以看作是面的轮廓线，在空间中表示不同方向的面。线框形式的三维图形是以面的形式体现立体感的基础。不同点在用线框的形式表现体积时，线框之间的明暗关系、色彩关系被淡化，但仍然可以在视觉上产生体积与位置关系。图3-3-7是由线构成的汽车三维效果，线的转折和走向可以表现出汽车的体积感。

图3-3-5 点状足球

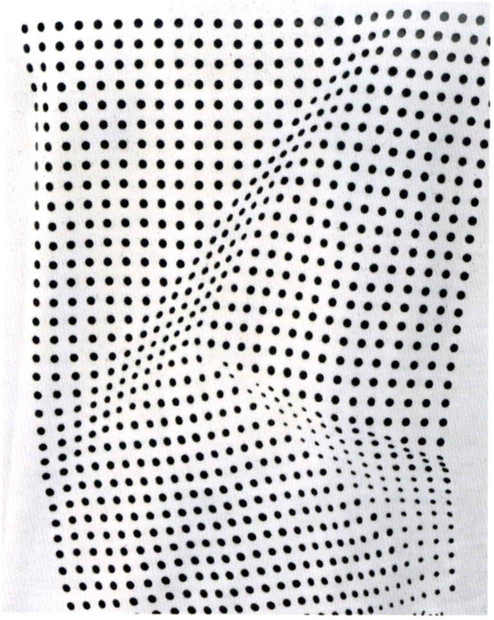

图3-3-6 点产生的折叠空间效果

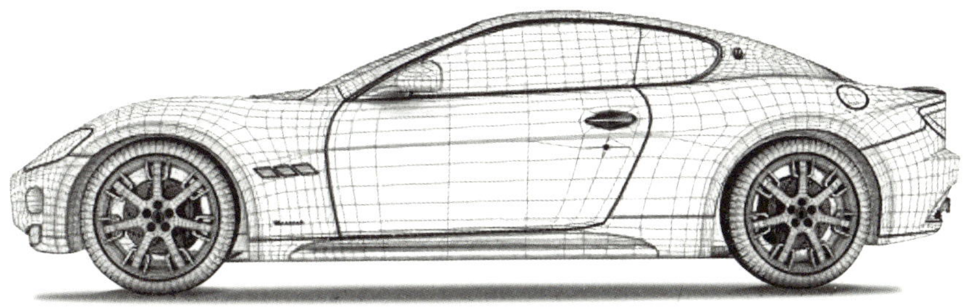

图3-3-7 线构成的三维空间效果

面的表现以透视为基础，结合明暗与色彩等制造立体感。运用透视学原理，在平面设计中以面的形式表现体积制造立体感时，可以将希望被理解为靠近观者的面放大、远离观者的面缩小，或者通过面的围合来塑造空间感，并将不同的面呈现不同的色彩或明度，以加强空间的视觉效果（图3-3-8）。

4. 矛盾空间

荷兰艺术家莫里茨·科内利斯·埃舍尔（Maurits Cornelis Escher）的作品中充满着空间艺术理念，他在艺术创作中严格遵循传统透视法则，使得作品空间感与真实感尤为强烈。在此基础上，埃舍尔又对传统透视技巧加以创新，利用循环、渐变、灭点的相对性、数学模型及悖论空间等多样化手法，形成奇妙的错视空间。通过此类方式，埃舍尔的艺术作品创作出许多不可能的世界，使观者在感知其图形作品时置身于一个分外具有真实感却又不可能存在于现实世界的图景，构筑起富有趣味和寓意的想象空间，引发观者思考。

埃舍尔在二维平面的载体上整合实体空间，在同一平面上构筑不同空间的相互共生与转换，营造出多视角、多层次、多空间的画面幻象。早在1920年，在题为《哈勒姆圣巴沃教堂》的钢笔画中（图3-3-9），埃舍尔在画面中的烛台下布置了一个圆球，

图3-3-8 史蒂芬·帮迪 2022年芬兰拉赫蒂国际海报三年展参展作品

图3-3-9 埃舍尔《哈勒姆圣巴沃教堂》

更多三维空间图形作品

映现出整个教堂和埃舍尔本人，这时画面出现了两个透视空间。这种通过凸镜或平面镜反射来拼接不同空间的方法，埃舍尔进行了大量实践与探索，如其石版画《魔镜》（图3-3-10），就是空间共生的代表作品。再如《莫比乌斯带1》（图3-3-11）《莫比乌斯带2》（图3-3-12），在《莫比乌斯带2》中利用蚂蚁的行进路线来体现该模型的奇妙之处。

“不可能的空间”意味着我们的大脑从二维图像中构建三维感知，我们将这些平面的二维图形当作真实的三维空间来解释，图中的二维图形通过一定的排列和叠加，形成令人费解的、看似不合理的透视关系。除了埃舍尔，还有很多艺术家在利用图形营造矛盾空间效果方面做过大量尝试并留下了一些经典作品，如瑞典艺术家奥斯卡·路透斯沃德（Oscar Reutersvard）将立方体叠放在一起形成一个具有空间错觉感的“不可能的三角形”（图3-3-13）。比利时画家雷尼·马格利特（Rene Magritte）的作品中展现了内外难辨、画中有画的矛盾空间。在他的作品《人类的处境》中，房间中的画板恰好与窗外的景色融为一体，让人分不清室内与室外的界线（图3-3-14）。

图3-3-10 埃舍尔《魔镜》

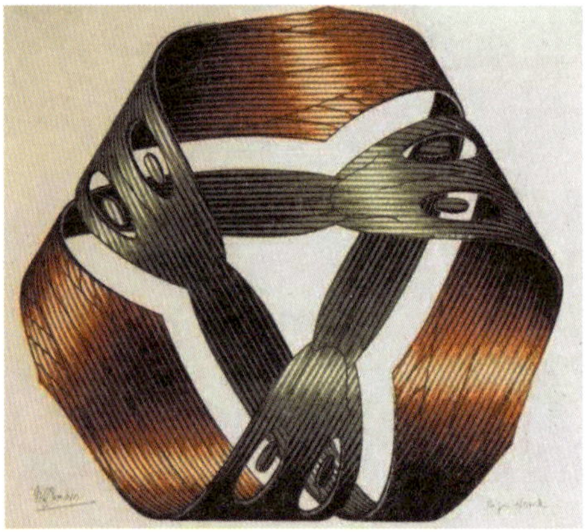

图3-3-11 埃舍尔《莫比乌斯带1》

图3-3-12 埃舍尔《莫比乌斯带2》

图3-3-13 奥斯卡·路透斯沃德绘制的三角形

图3-3-14 雷尼·马格利特《人类的处境》

第四节　图形与运动

1. 表现运动状态的静态图形

静态图形顾名思义就是处于静止状态的图形，一般意义上，我们会认为绘画作品、摄影照片、印刷读物等都是静态图形的形式。事实上这类图形应被称为“静止的图形”，但静止的图形并不等同于静态的视觉效果，通过特殊的设计手法，在静止状态的图形上可以产生动态视觉效果。也可以理解为此概念下的静态图形其实具有相对性，也就是说“静态图形中的静，是相对的静”“动态视感下的动，是相对的动”。简单来说，画面中两个图形的相对位置就能产生动感，如金字塔式三角形是所有形态中稳定性最好的，而倒三角的构图能打破这种安定，带来一种重心偏离的不稳定性。舞蹈演员在跳舞时呈现出倒三角的构图，虽然其处在静态的画面中，但我们仍然能感受到他的运动趋势（图3-4-1）。带有笔刷拖动痕迹的笔触，能给观众带来运动轨迹的感受。任意挥舞的自由曲线，也能带给人动感。

图3-4-1 倒三角构图

为了表达图形的运动感，可以通过截取某个瞬间，使观众联想到运动过程的存在；也可以采取理性分析的态度，运用分解与综合的方式表达事物的运动过程。法国画家雅克・大卫（Jacques-Louis David）的作品《拿破仑翻越阿尔卑斯山的圣伯纳德》（图3-4-2）绘制了拿破仑登上阿尔卑斯山并穿越圣伯纳德隘道的场景，画面采用对角线的构图，拿破仑处于视觉中心，战马的身体倾斜于对角线上，画面记录了战马起跳瞬间的运动状态。意大利未来派画家贾科莫・巴拉（Giacomo Balla）的作品《被拴住的狗的动态》（图3-4-3）中，将狗的腿画成了一连串腿的组合，画面中妇女的脚、裙摆以及狗链也同样被画成了一连串的形态，画面看起来是静态的多动作重叠表现，但却可以唤起观者的动态联想，使静态的画面表现出运动的状态。

表现战场激烈争夺、斗争场景的静态画面，也往往是在着力表现动态。比如佛兰德斯画家彼得・保罗・鲁本斯（Peter Paul Rubens）的作品《希波达弥亚的劫夺》（图3-4-4），画面中的每个人都呈现出运动的状态，左边的男性或单腿着地，或跳跃奔跑，中间的新娘被两拨人马抢夺，双腿悬空，画面呈现了激烈争夺中极度不稳定的视觉张力感，传达出富有动感的视觉效果。

图3-4-2 雅克・大卫《拿破仑翻越阿尔卑斯山的圣伯纳德》

图3-4-3 贾科莫・巴拉《被拴住的狗的动态》

图3-4-4 鲁本斯《希波达弥亚的劫夺》

前文提及的“弗雷泽螺旋”，则是借助几何形态表现动感的典型例子。螺旋线也常常能表现出动感。因螺旋形发展或内收形成曲线，暗示水的旋涡形，视觉上形成动感，其旋转曲度越大，产生的动感则越强，是一种通过视错觉产生的动感。

2. 基于屏幕界面传播的动图

传统上我们理解“图形与运动”的关系，通常只限于用图形表达运动状态，然而，当代数字化环境为图形本身的运动提供了可能。今天“动态图形”在数字化图形中已经运用得非常普遍，“运动”可谓图形语言的又一要素，使得图形语言更加丰富。简单来说，动态图形可以理解为运动的图形。运动是动态图形在视觉表现上与静态图形最显著的区别，也是动态图形设计中最基本的设计特征之一。动态图形之所以能够动起来，是依靠多种多样的元素运动，基本的图形运动变化主要有位移、旋转、等比缩放和形变。

位移是物体在画面中位置和方向的改变，这是动态图形中最重要的一种运动关系，可以是在XY轴方向上运动，也可以在XYZ轴上进行三维的运动，快速运动的点可以在视觉上产生线的感觉（图3-4-5）。

旋转可以围绕一个物体自身的轴点，也可以围绕特定的位置进行，当轴心点位于物体内部时，物体的旋转表现为自转；当轴心点位于物体外部时，物体的旋转表现为绕转；当轴心点与物体的位置持续发生改变，则会呈现螺旋状的旋转（图3-4-6）。

等比缩放是物体在画面中大小和占有空间的变化，是图形比例的变化。等比缩放可以给画面带来很强的视觉冲击力。图形大小的变化可以进行点与面之间的交换（图3-4-7）。

形变是物体自身的形状发生了改变，形变的表现形式有很多种，比较有规律的是挤压、弯曲、扭曲、生长等（图3-4-8）。

动态图形更容易被当作有生命的客体，它模拟着自然界的运动规律，给冰冷的图形注入了更多情感元素，如活力、悲伤、滑稽、忧郁等。图形的运动往往能够表现出一种力的效果，如弹力、吸力、拉力等。以球的运动为例（图3-4-9），球在下坠并触碰到地面的瞬间被弹起，此时运动中的球不仅发生速度上的改变，

图3-4-5 位移

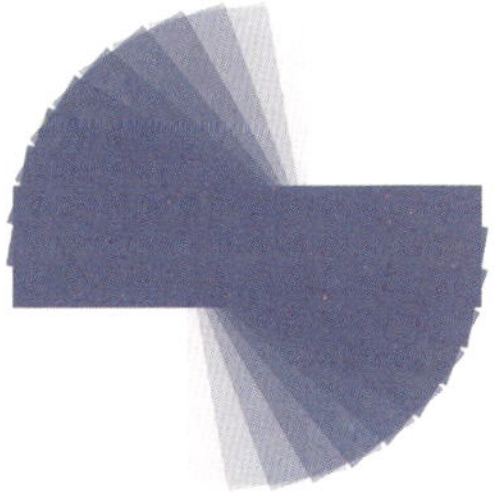
图3-4-6 旋转

图3-4-7 等比缩放

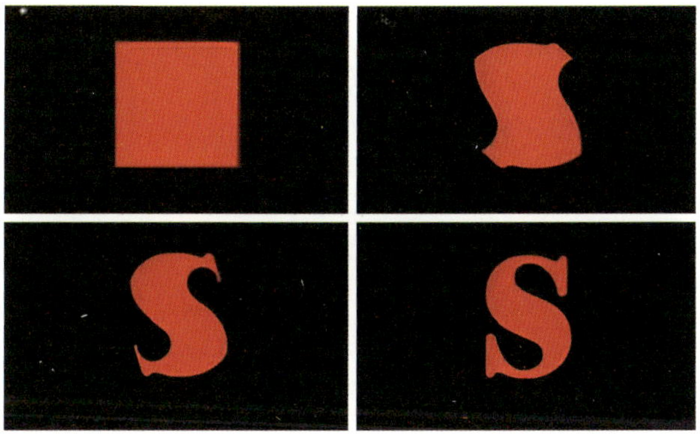
图3-4-8 形变

图3-4-9 球被弹起的运动轨迹

还会发生形的变化。在整个运动过程中可以释放出弹力、速度、形变的特征，体现出自然、流畅、活力的视觉效果。如IKEA动态商标（图3-4-10）采用与弹力有关的变速运动，给作品带来了更多的趣味性和创意。

球的吸力带来汇聚、吸附、团结的视觉感受，若是在三维空间中进行聚散运动，还能产生更复杂的空间效果。Skype的标志（图3-4-11）变化就是采用了这种圆形的聚合方式。值得注意的一点是，运动表现出来的轨迹必须合理，否则会显得生硬、奇怪、不合逻辑。在动态图形设计的空间中，其实并不存在真实的力，而是根据现实生活中物体运动的特点模拟出的物体动态，反之，展现物体运动状态的变化，也能够体现出设计空间的转化和力的变化，增强了运动效果的真实感，从而拓展设计空间、丰富视觉内容。

图3-4-10 IKEA商标运动轨迹

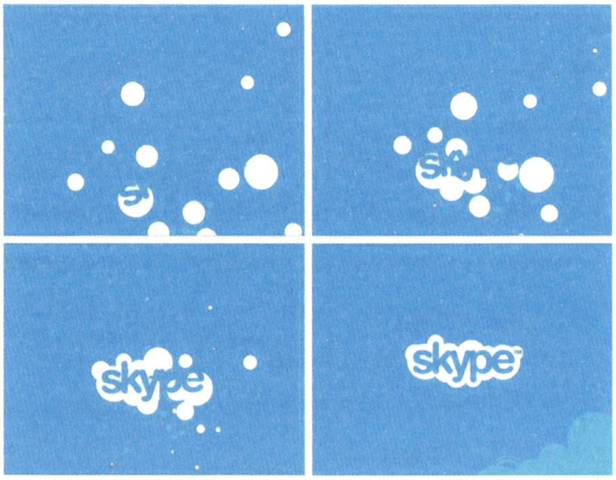

图3-4-11 Skype商标运动轨迹

★思政训练项目

2022年北京冬奥会的成功举办让更多人认识到了冰雪运动的魅力，同时也向世界展示了大国实力与精神面貌。冬奥会吉祥物“冰墩墩”和“雪容融”受到来自世界各地的运动员和观众的喜爱，试分析其图形语言是如何传递文明友谊以及凸显中国特色的。

CHAPTER 4

第四章

图形思维类型及创意方法

创意思维是多种思维方式的协调与统一，美国广告学教授詹姆斯·扬（James Young）说过："创意不仅是靠灵感而发的，纵使有了灵感，也是由于思考而获得的结果。"本章首先介绍了创造性思维的类型及其特征，其中包括连续性思维和联想思维的几种路径以及超现实思维的特征。其次介绍了图形思维的典型方法，如比喻与象征、夸张与变形、幽默与讽刺、分解与重构、编码与解码、意象与意念等。在上述内容中，每一部分均配以图片，以帮助读者掌握创造性思维类型、方法的知识，并学会运用这些方法，进而创造出新颖且具有吸引力的视觉形象。

第一节　创造性思维的类型及其特征

创造性作品的诞生需要创造性思维。那么，什么是创造性思维？创造性思维是一种具有开创意义的思维活动，是指用创造性的理念、独特的方法解决问题时的思维。它是人类思维的高级表现，它往往以新颖、不同寻常的方式主动思考并解决问题，反映事物的本质属性和内、外在联系。从方法论角度来理解，创意不会凭空产生，建立创造性思维必须有思维基础。创造性思维是在已有的原材料中看到尚未被发现的可能性，将手头的材料转变为一种具有持久价值的新创造。

1. 连续性思维

创造性思维具有创新性与灵活性等特征。在连续的思维过程中不受传统习惯和先例的禁锢，标新立异、出奇制胜。它的连续性思维路径可以是正向、反向的，也可以是纵向、横向的。在图形创意中，它是静态与动态思维过程，是直觉思维、形象思维、逻辑思维与灵感思维的综合运用。连续性思维有以下几种路径。

（1）集中思维

集中思维，又称收敛思维、聚合思维和求同思维，是针对目标对象，调动和组织一切可以利用的资源、力量、方法以及与问题有关的信息，按照特定的路线展开思维的重组和推理，把问题的"面"引到"点"的思维方法。集中思维的核心是对信息进行判断并作出最佳选择（图4-1-1）。

（2）发散思维

发散思维，又称辐射思维、放射思维、扩散思维或求异思维，是指大脑在思维时呈现的一种扩散状态的思维模式，它表现为思维从一点出发，向不同方向辐射，产生大量不同设想的思维方式。如“一题多解”“一事多写”“一物多用”等方式。发散思维能产生大量设想，提供更多选择机会，同时摆脱习惯性思维束缚，突破思维定式（图4-1-2）。

（3）形象思维

形象思维，是在对客体的具体形状或姿态的感性认识基础上，通过表象、意象、联想和想象来揭示对象的本质及其规律的思维方式。形象思维的基本思维形式是形象观念，它克服了对直接呈现客体的依赖，能通过对表象的自由加工改造，使认识实

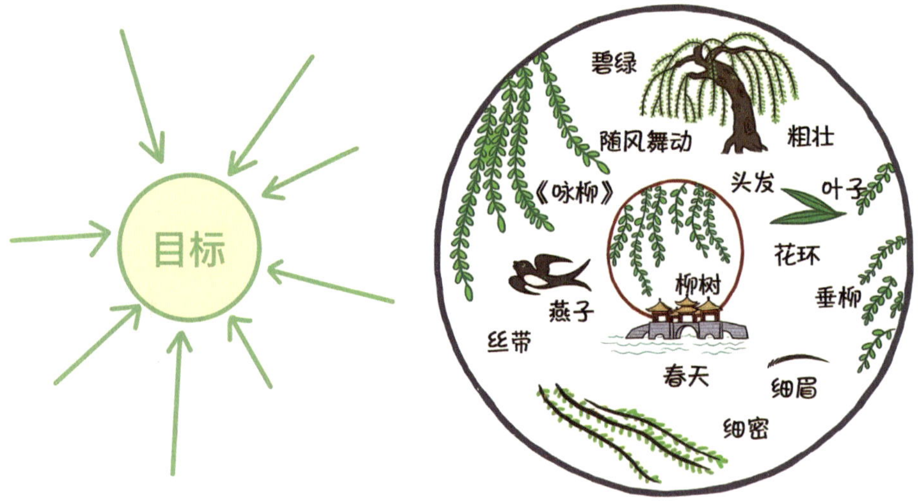

图4-1-1 集中思维

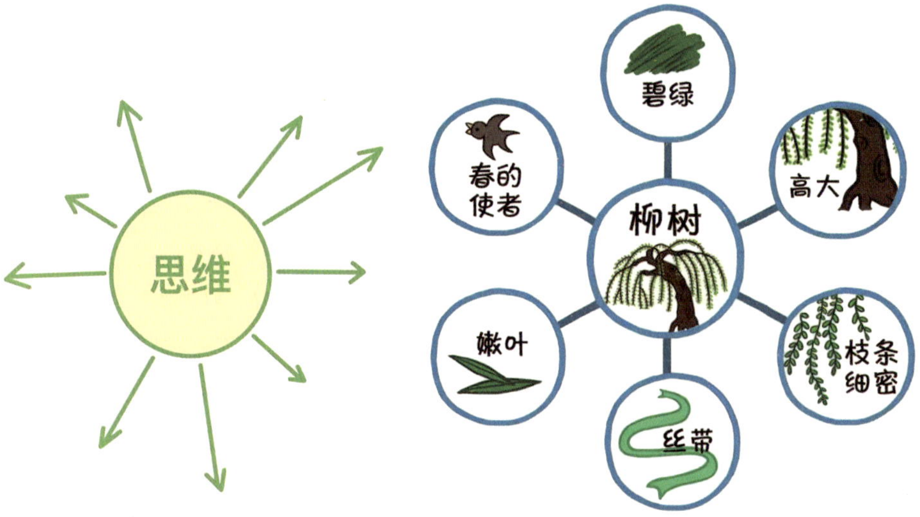

图4-1-2 发散思维

现从现象到本质的转化。如图4-1-3，对圆的外形进行形象思维联想，可以联想到圆球、象棋、轮胎等同样具有圆形特征的物体。

（4）抽象思维

抽象思维，亦称逻辑思维，是认识过程中用反映事物共同属性和本质属性的概念作为基本思维形式，在概念的基础上进行判断、推理，反映现实的一种思维方式。如图4-1-4中，热气球、航天员、骑扫帚的女孩都具有“飞”的特征，共同属性将三者联系在一起。

图4-1-3 史庆灿 作品

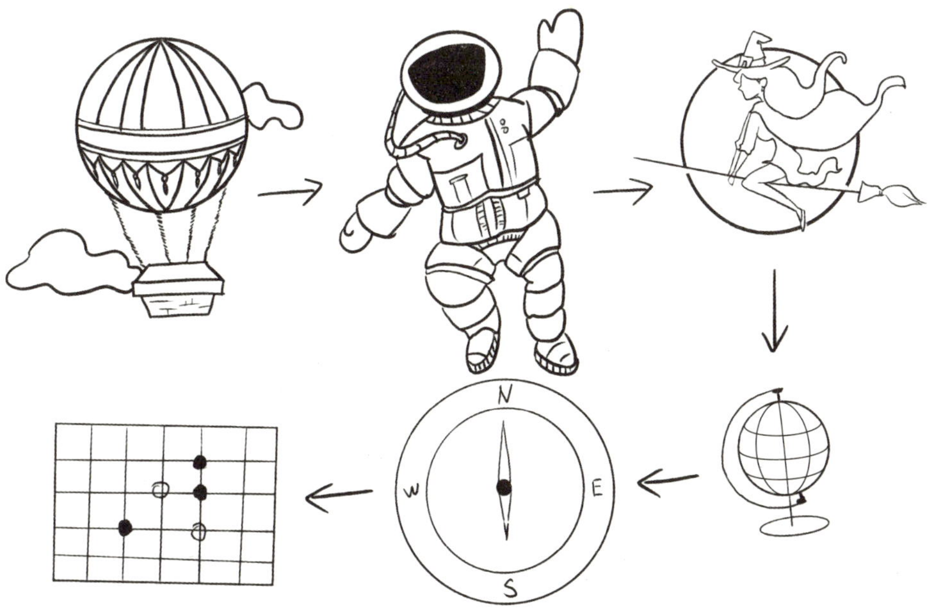

图4-1-4 袁子雯 作品

（5）横向思维

横向思维，顾名思义，是指思维有横向、往宽处发展的特点。在横向思维模式下，每一个思维面都不会太窄，且善于举一反三。如图4-1-5，对“蛇”进行横向思维，形成文字之间的概念推演过程，是一种拓展思维的好方法。

（6）纵向思维

纵向思维，是指在一种结构范围内，按照有顺序的、可预测的、程式化的方向行进的思维形式，这是一种符合事物发展方向和人类认识习惯的思维方式，遵循由低到高、由浅入深、由始到终等线索，因而清晰明了，合乎逻辑。如图4-1-6，以“蛇”

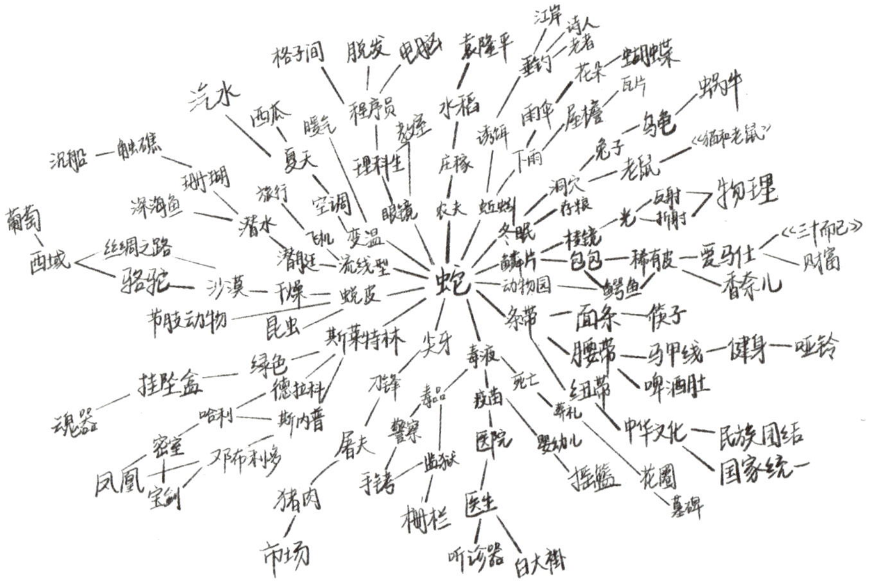

图4-1-5 孙悦涵 作品

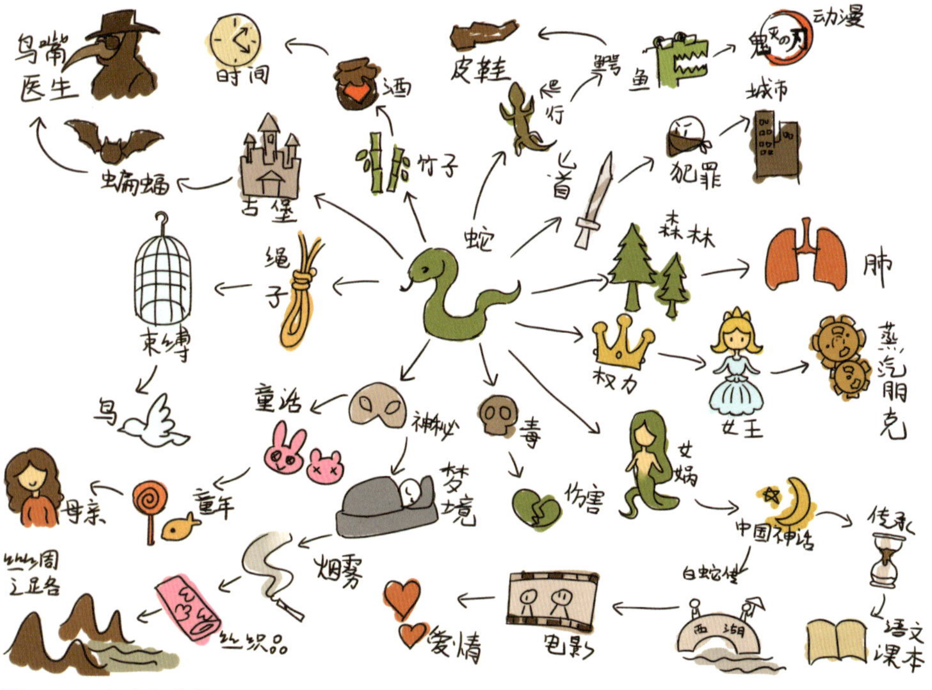

图4-1-6 高晴晴 作品

为原点的联想中，创作者将每一条思路都进行了纵向延续，可以发掘出更加有深度的创意。

（7）交叉思维

交叉思维，从一头寻找答案，在某一点暂时停顿，再从另一头找答案，也在这点上停顿，两头交叉汇合沟通思路，找出正确的答案。在解决较为复杂的问题时经常要用到这种思维。其中著名的案例为美第奇效应，这种效应指的是不同领域、科学、文化背景下的人之间经过交流，尤其是在交叉点上的联系，可以激发出大量的创新思想和新颖概念。在图4-1-7中，由“虎”可以联想到“虎符”“鼎”等古代物件，也可以联想到“火烧阿房宫”“商鞅变法”等历史事件，这些思路结合在一起，又可以产生新的灵感。

2. 联想思维

联想思维是创造性思维中极其重要且运用广泛的一种思维方法。在人们进行创造性思维的过程中，联想思维发挥着巨大的推动作用。历史上的很多伟大发现都归功于联想思维的运用。传说木匠的鼻祖鲁班无意间被叶子割伤，他发现锯齿状的叶子非常

图4-1-7 林奕岑 作品

更多思维练习学生作品

锋利，从而发明了锯条，这是联想思维发挥作用的结果。

人脑中各种信息之间究竟会产生怎样的联系，主要是由它们之间的联系强度、数量及当时主体的需要、兴趣、情绪所决定的，外部的环境因素也有一定的制约作用。大脑中这种组织样式之间的联系，正是客体之间某种联系形式的反映。具有各种不同联系的事物在头脑中所形成的信息组织样式会以不同的方式形成暂时的联系，从而形成不同的联想规律。如将思维对象划分为“形”和“意”两类，则联想思维可以分为形象联想和意象联想。

（1）形象联想

形象联想即由一种物象的造型引发与之相似的形态物象的联想，它源于人的感性认识，是人的本能反应。依据展开联想的方式不同，形象联想也有以下几种路径。

①相似联想

许多不同事物之间的状态、性质等种种特征具有相似之处，大脑会主动将外在造型具有相似之处的事物加以比较和归类。当人们感知某一事物时，它可以引起对其他具有相似特征的事物的回忆，这就是相似联想。从形的角度来看，任何图形都是某几类视觉元素通过一定的结构形式结合起来的，因此可以利用图形的视觉元素类型、结构上的相似来进行图形创意。如：由一个圆形，我们可以联想到月亮、甜甜圈、盘子、篮球等（图4-1-8、图4-1-9）；由一个三角形，我们会联想到三明治、粽子、旗帜、金字塔等（图4-1-10）。

②结合联想

把不同的视觉元素，通过分析出相关的联系，巧妙地结合在一起，可以形成新的形象。在各种表面看来毫不相干的视觉元素之间，通过联想思维重新组合而创造出新的形象的方式就是结合联想。如：《山海经》中记载的神兽“蠃鱼，鱼身而鸟翼，音如

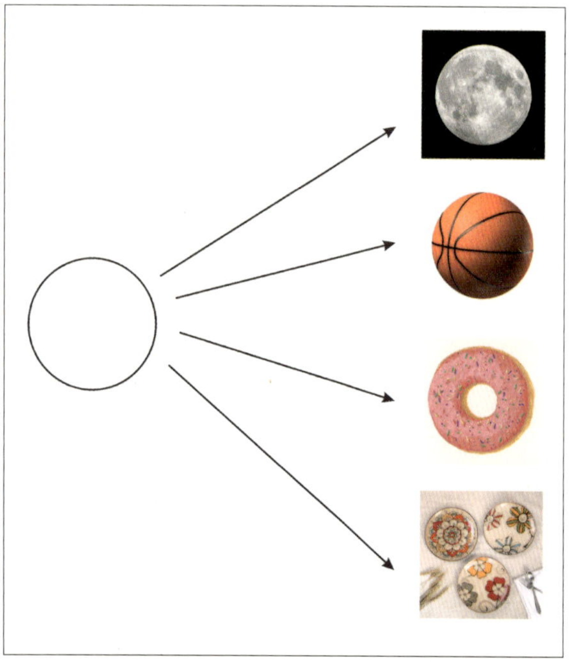

图4-1-8 圆形的联想

图4-1-9 戴梦颖《“O”元素联想》

鸳鸯”（图4-1-11），是说赢鱼这种神兽，有着鱼的身子，鸟的翅膀，发出的声音像鸳鸯一样。中国文化中还有龙（图4-1-12）、麒麟等祥瑞形象，都是古人运用结合联想创造出来的新形象。

③对比联想

通过将图形之间的视觉反差突出地并列呈现在观众面前，可以给观众带去强烈的视觉对比并引发联想，形成具有震撼效果的冲击。如：在保护环境的公益海报（图4-1-13）中，冰川融化、过度开垦的场景与动物的身体形成了强烈对比，展现了环境破坏带来的后果。

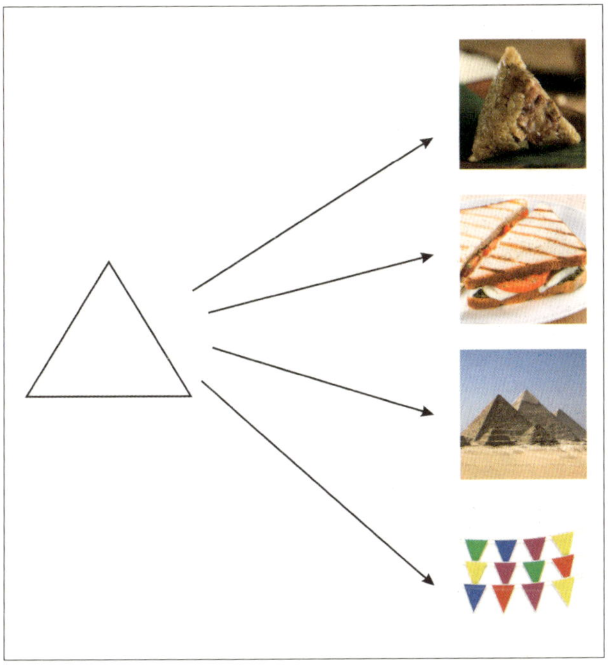

图4-1-10 三角形的联想

图4-1-11 赢鱼

图4-1-12 中国龙

图4-1-13 公益海报

④替换联想

把两种或多种具有相似意义或性质的事物互换，从而突出某些特征。这种替换应该在意料之外，却又在情理之中。如巧克力冰淇淋的海报（图4-1-14）中，用巧克力替换握住冰淇淋的手，更直观地表现出冰淇淋的口感。图4-1-15将铁丝网线联想为人的侧脸轮廓线，反映出人口贩卖的残忍，通过这张海报很容易地联想到那些被人贩子用铁丝捆住双手、被铁丝网限制自由的人们，作者用这样的图形表现形式呼吁大家打破锁链，停止沉默，消除贩卖人口的现象。

图4-1-14 巧克力冰淇淋海报

图4-1-15 雷鬼音乐节“STOP HUMAN TRAFFICKING（停止贩卖人口）”主题海报

更多联想思维图形设计作品

（2）意象联想

意象联想是指抛开事物的外在因素，把表面上看来不相干的事物，通过它们之间某种本质的共性而引发关联。它源于人对物象的理性认识，对事物的内在结构、本质特征等某一种因素展开联想，想象大家熟知的具有同一特性的其他事物，通过它们之间共同的意义将其联系起来。意象联想也有几种具体路径。

①概念联想

概念联想是指运用逻辑对联想内容进行抽象和推演的思维活动，通过概念联想对主体的认识达到更客观更深层次的理解（图4-1-16）。如果用某一概念联想到其他概念，然后再把概念转化成形象，就比单纯的形象联想要更胜一筹。如我们由“残酷”会联想到“无情”“冰冷”，由“无情”“冰冷”进而联想到“冬天”“冰雪”等。

②反向联想

反向联想是对与事物有必然联系的反向事物、对立面的想象延伸和连接，就是看到一个

图4-1-16 远离交通事故：切勿酒后驾驶

事物我们就朝它相反的方向去联想。比如我们看到黑夜想到白天，看到战争想到和平，看到火想到冰。反向联想就包含了逆反思维，它可以完全异于常规地去思考问题（图4-1-17）。

③因果联想

因果联想是我们凭借经验而对事物的发展变化乃至结果做出的判断和想象，也是现实中存在的、具有因果关系的事物元素在我们头脑中的反映。我们看到原因就能很自然地想到结果。因果联想表面上看起来相对比较简单，但是因果联想能够加大我们的思维跨度，有时能得到意料不到的效果（图4-1-18）。

图形带来的联想具有较强的暗示力，它能调动人们思维活动的积极性，在人们接受信息的基础上，通过审美感受来丰富个人的想象力，对图形的内涵自觉地予以补充和完善，并赋予形象以新的意义，这就是人们在审美过程中对图形的再创造。联想有

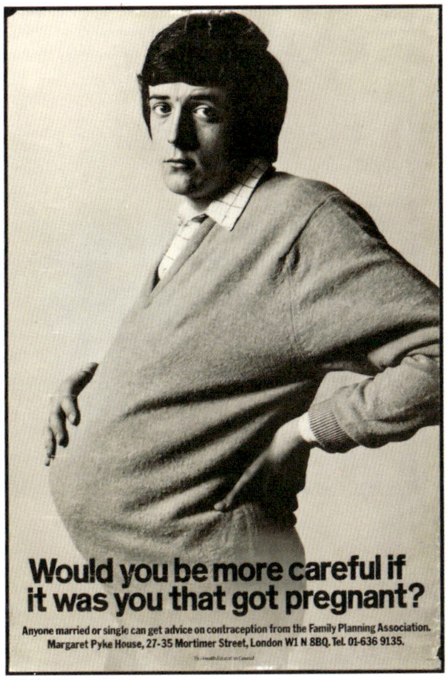

图4-1-17 海报的标题为："如果您怀孕了，您是否会小心些？"海报使用反向联想的方式，颠覆了孕妇的形象：以男性的形象来表现怀孕者。然而，也是这种令人惊异的效果让女性权益受到关注

图4-1-18 扣上安全带，好好活着

多种表现形式，它能使画面具有超然的意境和独特的审美情趣，极大地增强画面的被关注值，有效地传达信息，使人们在惊叹之余留下深刻的印象和记忆。

3. 超现实思维

在图形设计中，很多创意表现的事物并非“1+1”的形式，而是“1+X”的新事物，超越我们对现实物象的认知。创作这类图形的时候，就需要超现实思维方法，这种表现方法是不按人们的常规经验和逻辑，对本应该自然合理的形象加以“歪曲”的一种思维方式。古埃及的狮身人面设计、半坡彩陶盆上手拉手舞蹈的人形、某些达达派的海报、达利的超现实主义绘画及现代设计、现代雕塑中的某些构想，它们都有一种共同的思维方式，即表现的事物是自然中难以达到的境界。超现实思维所表现的是一个“虚拟”的现实，是一种“不讲道理”、违反自然的思维方式。采用多向思维和逆向思维去达成一般逻辑思维中认为不可能的各种方案。通过把握事物的普遍性与特殊性的关系及事物内部的联系和共性，促成异类事物联结，使不可能的事物成为理想的现实。

超现实思维在达达主义艺术中表现得尤为突出，其提倡人们下意识或无意识的心理活动，主张把不同的幻想物象、特别是一些违背人们视觉经验的形式结合。超现实思维源于现实又超越现实，作为一种思维方式，它把抽象思维和形象思维相结合，将现实生活的组合形式纳入理想之中，把毫无关系的东西联系起来，从而找出它们的相似性和共性，让合理与不合理构成统一，创造出新的形式和内容，并产生新的意义（图4-1-19、图4-1-20）。

德国艺术家、达达主义的重要成员汉娜·霍克（Hannah Höch）的作品中含有非常典型的超现实思维。她在作品《用达达菜刀切除德国最后的魏玛啤酒肚文化纪元》（图4-1-21）中使用拼贴的手法，以蒙太奇的表现形式展现了第一次世界大战的元素、战后柏林的政治混乱、对性别的看法、社会紧张局势以及艺术中普遍存在的固有性别歧视。

图4-1-19 海报将人脸、青蛙等元素融合在一起，对人脸的形态做了夸张和变形处理，表现出一只青蛙被禁锢其中的场景，这种奇特、怪异的表现手法具有很强的视觉冲击力

图4-1-20 墨西哥海报双年展作品

图4-1-21 汉娜·霍克《用达达菜刀切除德国最后的魏玛啤酒肚文化纪元》

第二节　图形创意思维方法

1. 比喻与象征

比喻是用某些相类似的事物来比拟另一事物，这种通过相关喻体去表现本体的方法，可使抽象的事物形象化，突出被比喻事物某方面的特点，避免作品主题的简单陈述，获得耐人寻味的艺术效果。它借助人们熟知的事物来比拟所要诠释的事物，或用简单明了的含义比拟所要表达的含义。比喻在文学作品中运用广泛，如著名诗人贺知章的《咏柳》中“不知细叶谁裁出，二月春风似剪刀”，白居易的《暮江吟》中“露似珍珠月似弓”，高尔基的名句“书籍是人类进步的阶梯”等都采用比喻的手法来表达。比喻图形也具有类似的作用，通常具有强烈的、独特的视觉效果。在图4-2-1中，用眼镜比喻音符，不仅具有直观易读的视觉感受，而且使简单的图形蕴含丰富的意义。在图4-2-2这组水果茶的招贴海报中，将各种水果比喻成茶壶、茶杯，非常形象地表现出水果茶产品的新鲜和美味。

图4-2-1 将眼镜比喻成音符的海报设计

象征是指用一种事物（常常是具体的）来表现另一种事物（常常是抽象的），并用富含寓意的方式传达出某种含义，它们之间有时候有联系，比如用局部象征整体，也有时候没有必然的内在联系，或者只是外在特征存在某些并不紧密的联系，更多表现为人们在文化、心理上对二者关系的认同（图4-2-3）。它是从文化、心理等方面将图形符号与抽象观念、意识相联系的思维方法。在中国传统文化中，人们用“梅、兰、竹、菊”四种形象象征高尚的品格，此外还用火炬象征光明、玫瑰花象征爱情等。

象征图形与所表达寓意的关系相对稳定，而比喻图形和被比喻事物的关系随机随意，相对比较自由。比喻图形的优点在于婉转而生动，象征图形则常用于形象概括，言简意赅。

图4-2-2 水果茶广告

图4-2-3 用鸽子象征和平的海报设计

2. 夸张与变形

夸张手法是在客观事实的基础上，运用丰富的想象，对事物的特征、形象、程度、作用等方面着意进行夸大或缩小，以变化和个性追求鲜明的视觉效果。夸张手法是在一般中寻求新奇变化，赋予人们一种超越常规的感受，以增强图形视觉语言的表现效果，加强作品的趣味性和表现力。夸张可以是对整体形象的夸大，也可以是对局部某一细节的夸张，不仅要有所强调，而且要有所取舍。

夸张可以使图形语言增加视觉魅力，吸引观众的视觉注意力。夸张的图形变化通常表现在外观形态的变形、异化，从而使作品更加鲜明、突出，令人眼前一亮，印象深刻。

变形能使图形各部分间的比例发生异常变化，在形、色、质等方面形成强烈的反差效应，在图形创意表现过程中，可以通过对视觉形象的造型、色彩、空间等多方面进行变化，对人们的正常视觉形成一定冲击并产生强烈吸引力（图4-2-4、图4-2-5）。

3. 幽默与讽刺

幽默的手法使人发笑。1924年林语堂在《晨报》副刊发表文章，第一次将“humour”翻译成“幽默”，他这样解释道：“幽默是由语言运用的机智性和灵活性造成的，凡是使读者能迅速发现其合理性而又出乎其意料的一种奇怪的语言表达方式，都会产生幽默的艺术效果。它是对人的习惯性的语言表述方式的乖离，但这种乖离又是极易被人理解的。”

讽刺的手法往往令人深思，近代画家丰子恺通过大量漫画作品表达了他的教育

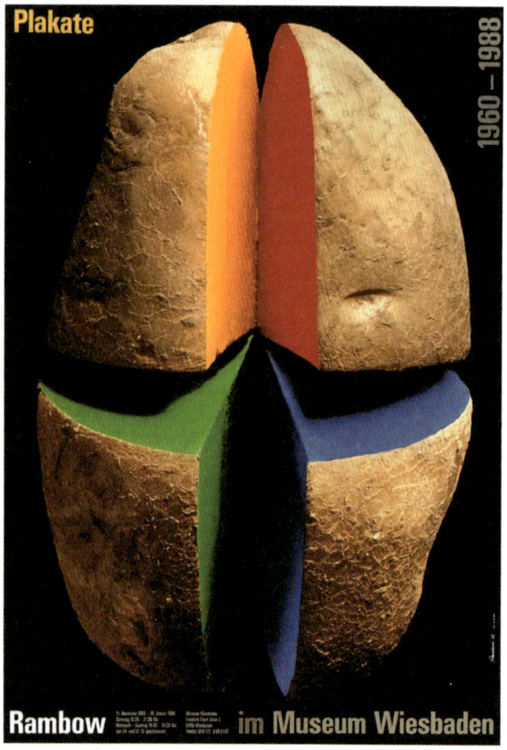

图4-2-4 冈特·兰堡《土豆系列》招贴
《土豆系列》具有奇特的创意和视觉魅力

图4-2-5 夸张食物的比例并进行部分变形，使之形成一个个巨大的建筑

观，在漫画《教育（二）》（图4-2-6）中，一个孩子面露痛苦，极力想摆脱，但却被一双手硬生生地按进模具中。《剪冬青联想》（图4-2-7）中将学生比作冬青树，被园丁修剪成一样的高度，虽然变得很整齐，但一些孩子的头也被不同程度地修剪掉了。丰子恺意在讽刺当时的教育将学生都变成一模一样的人，而不注意因材施教。日本平面设计大师福田繁雄将幽默与讽刺在图形设计中运用到了极致。他的代表作《1945年的胜利》（图4-2-8）中用简洁诙谐的图形语言，描绘一颗子弹反向飞回枪管的形象，讽刺发动战争者自食其果。第二次世界大战后，很多创作者通过幽默的方式来讽刺当下社会存在的一些消极和负面现象，这种艺术形式被称为黑色幽默。与传统幽默不同的是，黑色幽默保留了一些智慧和诙谐，表面上呈现出玩世不恭或疯狂，但却没有愉悦与轻松，显得更加晦暗和沉重，具有更深刻的讽刺力量。

4. 分解与重构

图形创作中的分解重构法，就是把一个完整的图形按照特定的方式分解为几个部分，然后根据一定的构成原则重新组合成新图形，包含“分解”“重构”两个阶段的艺术创作过程。

“分解”是一个动词，其含义为“将一个整体分成它的各个组成部分”，它是一种对原始形态的破坏与拆解，其中包含了人为的形态分解与自然的物质形态分解。设计中的分解，是将物体原有的形态通过设计的方法，将物体或者元素的原有形态进行破坏、拆散、解体，把整体分解成几个相互联系又相互独立的个体，形成形态与形态之间的相对独立，产生的“个体”既是新的元素又保留了原有整体的特征，拆分的目的是方便设计者选择适于表现的元素。

“重构”则是指根据一定的审美原则和构成方法，且依据设计者的特定目的和内在相互关联性，运用分解形成的元素对已有的不同形象进行重新塑造，使作品产生新的形象或者具有新的功能与意义。分解重构重视事物内在的联系，强调要素与要素之间的结构关系，是建立与创造一种新形态和视觉形式的方法。

分解重构在形式上的制约与其他表现手法相比要少很多，但也不是毫无目的和章法，主要可以归纳为规则的分解重构与不规则的分解重构。规则的分解重构是将图形

更多幽默与讽刺图形设计作品

图4-2-6 丰子恺《教育（二）》

图4-2-7 丰子恺《剪冬青联想》

图4-2-8 福田繁雄《1945年的胜利》

以面积为单位进行等比分解，分解后的图形在画面中所占的比例基本均等（图4-2-9、图4-2-10）。这样的分解方法让画面在形式上更为丰富，同时让画面产生均衡和秩序的美感。不规则的分解重构是一种打破比例和秩序的方式，在画面的构成上更为自由和灵活，主要的方法有切割、打散和拆解，不规则的分解重构让画面效果看上去更丰富、生动（图4-2-11、图4-2-12）。

图4-2-9 规则的分解重构

图4-2-10 规则的分解重构

图4-2-11 不规则的分解重构

将字母进行拆解然后组合，组成不同的几何图形与色块，形成了新的图形语言

图4-2-12 不规则的分解重构

对文字和图形的分解和重构，使看似杂乱无章的几何图形拼贴形成了运动员全力奔跑的视觉效果，静态的画面中透出了动态效果

5. 编码与解码

编码和解码是一对传播学概念，是逆向的两个阶段，即信息传播过程中的符号化和符号解读。符号化即人们在进行传播之际，将自己要表达的意思（意义）转换成语言、声音、文字或其他形式的符号；而符号解读指的是信息接收者对传来的符号加以阐释、理解其意义的活动。

图形编码是运用创造性思维机制，实现思维中意象的组合，并以可视的图形来意指其象征性内涵，同时建构不同形象之间的关系以实现图形信息与含义构建，即“形”与“意”的完美结合。在编码过程中会经过两个阶段：第一阶段，编码者要将已有信息进行重组；第二阶段，编码者需要在新环境中将信息符码化。图形的编码同样也需要这两个步骤，作为一名设计者，我们需要将已有的图形信息进行分析重组，也需要根据目标将图形符码化。

图形解码是发现图形意义的过程，受众以其经验意识去理解图形中的结构，构建图形意义。图形的信息提取与语义重构遵循人类的普遍生活经验与原则，从而达到群体思维同化的结果。例如，平面广告设计师设计的图形海报，会通过纸、电视、手机等媒介传播方式呈现在解码者眼前。解码者会根据社会环境、文化环境、自身实践经验和理解能力对图形信息进行解读，并产生情感。（图4-2-13）

图形语言是建立在图形符号编码基础之上的装置，是符号或意象的不同组合方式，是情感和经验意义依附的物质形态。由于图形符号编码的丰富性，使得图形具有极强的形象性、表情性特征，因而能够形成超越简单视觉物象的丰富的图形语义。

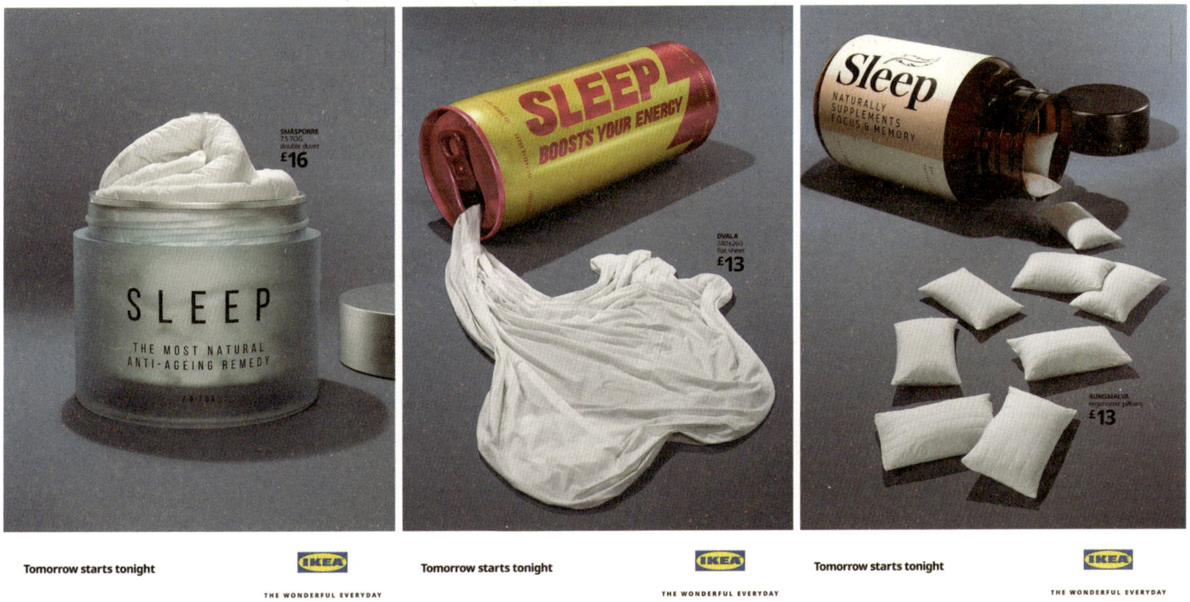

图4-2-13 宜家广告

图形语义：（左）最自然的抗衰老疗法可不是什么护肤品，而是一床舒适柔软的被子；（中）还在靠能量饮料给自己续命？试试新床单吧；（右）依赖褪黑素才能睡着？宜家的枕头可是拯救失眠的良药

6. 意象与意念

意象和意念是一对心理学术语。创造性思维常常通过意象的融合实现，而这类意象大都是在无意识的状态中产生出来的。在图形设计中，意象是存在于大脑中的“灵感”。我们在生活中看到的事物、想象的场景、思维中的灵光一现……这些存在于大脑中的视觉形象，最后都以朦胧的意象形式存在于记忆之中。

图形的设计可以说是一个“以意生象，以象表意”的过程，即根据内容创造形态，通过形态表达意义，主观的联想在意象的生成中起着关键性作用。对于设计者来说，意象图形的产生是其主观的主体想象和客观的现实事物结合于一体的经过创作加工的外在表现形式，最终形成的图形语言，能够深刻表明事物的本质特征，并给人以遐想的空间，能够与观者相互影响，使观者对其印象深刻并在观者心中留下图形语言的意象美（图4-2-14、图4-2-15）。

图4-2-14 墨西哥海报双年展作品

水墨风格的重峦叠嶂在画面中组合成了“徽”字，使人们由水墨风格的山联想到江南水乡，进而感受到徽州浓浓的江南意境

图4-2-15 第51届蒙特勒爵士音乐节海报

用黑色的人物剪影与隐藏在留白空间中的多种乐器图形组合出爵士音乐的动感和韵律意象

意念是图形信息解读过程中较小的信息单元，这些信息单元是大脑对图形直觉的、经验意识的解读结果，是意象语义的直接指向，是具体概念生成过程中的一个中间环节。英国哲学家约翰·洛克（John Locke）这样定义“意念”：“所谓意念，乃是人们思考时所理解的东西，它相当于大脑思维时使用的幻象、观念、形式以及诸如此类的其他东西。”意念可以通过语言、文字、符号、图形表现出来。艺术家蔡国强的装置艺术作品《九个浪》（图4-2-16）将一艘破旧的渔船作为主体，渔船上有99只不同种类的仿真动物，它们都耷拉着身体瘫倒在甲板上，显得疲惫不堪。这件作品通过艺术装置的形式表现生物在大自然面前的渺小和无力，表达作者对自然的敬畏之情，作者以这种方法将观念通过视觉形式艺术地呈现出来。

图4-2-16 蔡国强《九个浪》

★思政训练项目

纪录片《我在故宫修文物》向我们展示了文物修复工作者工匠精神的薪火相传，由著名设计师黄海设计的系列海报也深入人心，试分析该纪录片的系列海报采用了何种创意思维方法来展现文物的悠久历史与文物保护工作者精益求精、坚守匠心的美德?

5 CHAPTER

第五章

图形构造法则

在深入了解多种图形语言思维方式的基础上，本章将系统地介绍五种重要的构形方法：同构、异变、异影、正负形、矛盾空间。这些构形方法包括同构中的拼置、置换、置入、肖形、显异等形式，异变中的双形异变和多形异变，异影中的光照异影和镜面异影，正负形中的延伸边线、寻找相似和修改轮廓线，以及矛盾空间中的反转性远近错视、形态交叉形成幻象、边洛斯的三角形和转向不同形态的立体等。本章旨在帮助读者有针对性地应用这些构形方法，为其注入更多深度和创意。为达到这一目标，我们提供了丰富多彩的设计案例作为示范，以激发读者的灵感和创造力。

第一节　同构

同构是图形语言中一种常见且重要的构形方法，是指在图形设计中使用不同形状或性质的物形构成一个新造型的方法。具体而言，就是将现实中两个以上无必然联系、相互独立的形态根据一定目的进行打散重组，形成一个既保留多个原形特征又在新的结构关系下成为一体的图形形象。这种造型方式的难点在于选择元素时，要象征意义准确新颖、组合结构自然合理。

按同构图形构形方法的差异，可以分为拼置同构、置换同构、置入同构、肖形同构和显异同构等五种类型。

1. 拼置同构

拼置同构是将两个以上的物形各取一部分拼合成一个新形象的图形构建方式。使用拼置同构时需要注意以下两点：一是原形中保留下来的部分应是特征性的，保证原形能被受众判断识别出来；二是拼置连接的过渡部分要自然，使组成的新形象具有视觉上的完整性和合理性。如图5-1-1，红色高跟鞋象征时尚和女性的优雅，三叉戟象征着恶魔和力量，将两者进行拼置同构，既凸显了时尚的元素，又给人一种神秘和强大的感觉。这样的设计与主题内容完美契合，二者的同构处理也显得非常自然。（图5-1-2至图5-1-4）

图5-1-1《穿普拉达的女魔头》电影海报

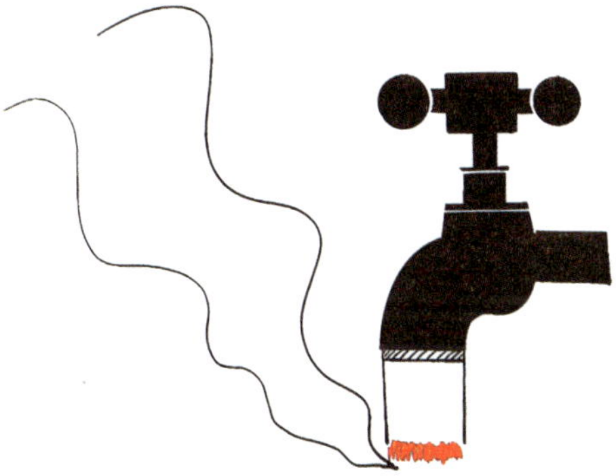

图5-1-2 史庆灿 水龙头与烟头的同构

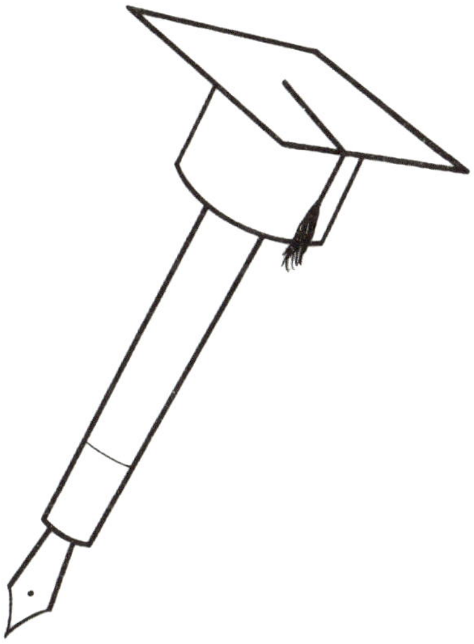

图5-1-3 代林双 钢笔与学士帽的同构

图5-1-4 黄可意 胡萝卜与腿脚的同构

2. 置换同构

置换同构又称替代同构，是指在保持原形基本特征的基础上，物体中的某一部分被其他物形素材所替代，从而产生具有新意形象的一种图形构造形式（图5-1-5）。好的置换效果一般要求用以替代的物形与被替代的原形在形态上存在相似性而在意义上具有一定的差异性。

置换与拼置在表现上有些相似，一般而言，从形态上看，置换同构中一定有一个主要形态和一个次要形态，置换同构的图形从整体上看还是用以组合的原形中的主要形态，只是其中有些部分被改变了。如图5-1-6，将人的头发置换成西蓝花的形状，赋予了头发一种戏剧性的外观。这一改变可能激发观者的创造性思考，同时也引发了

图5-1-5 葛静岩 作品

图5-1-6 吴悦嘉 作品

观者的好奇心和幽默感。

而拼置并不在意产生的形象是否能被大家所认知，可能会和组合前的几个原形均存在较大差异。拼置同构中的两个形态地位是同等的。如图5-1-3，钢笔代表着学习和思考的工具，学士帽象征着成就和荣誉，体现出勤奋学习与获得成就的关联性，寓意只有勤奋才能获得知识，作者寻找到两个图形之间的关联性，引发观者对于学习、成长和努力的思考。

3. 置入同构

置入同构是将用以组合的一个元素的轮廓作为外形框架，将其他物形填置在这个外形中，形成外轮廓形态与内部元素间的组合关系。置入同构通常能够改变作为轮廓的元素的肌理，造成一种强烈反差的视觉效果。与拼置及置换同构不同的是，拼置同构与置换同构是改变图形的某一部分，因而原图形的外轮廓常会发生改变。置入同构不改变图形的外轮廓，而是对内部进行改变。因此，置入同构图形同时拥有A的轮廓特征与B的肌理效果。如图5-1-7的环保油漆海报中，保留油漆滚筒的外轮廓特征不变，将画面内部变成绿叶和藤蔓。通过置入同构的手法，作者强调了油漆绿色环保、无污染的特征，使油漆的功能在画面中得到更加深刻的表达。（图5-1-8、图5-1-9）

图5-1-7 Thomas Czarnecki 环保油漆海报

图5-1-8 史庆灿 作品

图5-1-9 代林双 作品

4. 肖形同构

肖形同构是指以一种或多种物形的形态去模拟另一种物形的形态，此处所谓“肖”即为像、相似的意思。肖形同构通过对一种物形进行形象上的加工塑造，使其与另一种物形产生外形上的相似，通过这种手法可以使二者在形态和意义上产生关联，如图5-1-10，将不同形态的叶子与人的五官特征联系起来，用叶子组成一个具有面部特征的图形。中国书法中的象形书法就利用了肖形同构的手法，如将“马”字（图5-1-11）书写得宛如一匹在奔跑的马，将“舞”字（图5-1-12）写得像一位翩翩起舞的人的形象。

图5-1-10 黄梦婷 作品

图5-1-11 董永西 书法作品“马”

图5-1-12 书法字“舞”

5. 显异同构

显异同构是将一个原形以类似开窗、破墙、打孔甚至爆裂的形式进行开启，显示出藏于其中的其他物形。显异同构中被开启的原形可以是现实中可开启的事物，也可以是不能开启的事物，但通过对图形的分割裂变进行再创造，使它成为具有超现实的形态，具备与其他物形整合的可能性。

显异同构是借助人们的“探究”心理，像打开魔术盒子一样，为受众展现“盒子”里面或者“窗子”后面的事物，容易引起受众关注。如图5-1-13，德国著名设计师冈特·兰堡（Gunter Rambow）为菲舍尔公司设计的招贴海报，运用了显异同构的手法，让一只拿着钢笔的手从书本中伸出来，在画面中写下了“菲舍尔出版社”的名称。冈特·兰堡的这幅作品运用了空间的转换，打破了书本原有的空间形态，营造出矛盾、神秘、奇特的视觉效果。（图5-1-14、图5-1-15）

图5-1-13 冈特·兰堡设计的招贴海报

图5-1-14 迟凯伊 显异同构作品

图5-1-15 黄梦婷 显异同构作品

第二节 异变

自然界中的事物经历了复杂的演化过程，地球经历了五次生物大灭绝，大陆板块也在漫长的历史中发生了漂移；人类从古猿演变成现在的样子，无论是外观还是行为都发生了巨大的变化；爬行的毛毛虫化蛹成蝶，蚕吐丝成茧变成飞蛾；一颗小小的种子经过种植、灌溉变成美丽的花朵。自然界异变的事件经常发生而且异变过程从未停止。

图形设计中的异变图形创造与自然界的演变类似，都是从一个形态过渡到另一个形态。异变图形在起始形和终止形中间寻求连接的中介体，可以将图形异变的过程完整地展现出来，中介体的变化可以借助现实物象，也可以是非现实的，需要依赖设计师的视觉想象力来实现形态的变化。异变图形的变化可以是图形的外轮廓、形状、空间、角度、大小、色彩等方面。

西班牙艺术家巴勃罗·毕加索（Pablo Picasso）的作品《公牛》（图5-2-1）展现了公牛图形从内容到形式的转变，他用几个步骤将写实风格的公牛图形异变成简单又抽象的线条，每个步骤都清晰地表现出画家思维变化的过程。根据异变过程中使用基本图形的差别，通常有双形异变与多形异变两种手法。

1. 双形异变

双形异变是从一个图形逐渐变化、过渡到另一个图形，中间图形是设计师根据首尾图形创作的，并非现实中已经存在的形态。双形异变有助于帮助设计师创作出全新的图形。荷兰艺术家莫里茨·科内利斯·埃舍尔（Maurits Cornelis Escher）在作品《天与水》（图5-2-2）中通过将规律平铺的飞鸟进行异变，黑色的飞鸟与白色的图底形成的对比逐渐交织渐变，最后形成了鱼。埃舍尔的这幅作品中利用了黑与白、图与底的对比关系，让黑色的飞鸟非常自然又完整地过渡成了白色的游鱼，二者有机结合在一起。（图5-2-3、图5-2-4）

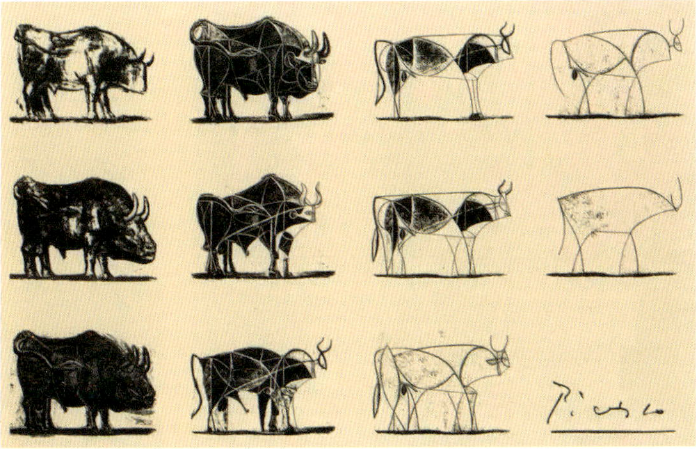

图5-2-1 毕加索《公牛》

图5-2-2 埃舍尔《天与水》

图5-2-3 于昕冉 双形异变作品

图5-2-4 迟凯伊 双形异变作品

2. 多形异变

多形异变是指从一个图形逐渐变化、过渡到另一个图形的过程中，中间图形不是设计师创作的，而是设计师根据首尾图形寻找的已经存在的图形。多形异变图形所使用的多个中间图形符合跟其左右两个图形都相似的“渐变”特点，有助于锻炼设计师观察事物的能力。图5-2-5作者寻找到羽毛与树桩之间的共同点，并且通过这一共同点“寻找到”中间的异变图形。在绘制过程中，作者对中间的异变图形进行形态上的变化处理，包括树叶、蘑菇、水母等，五个图形排列起来，形成明确而又自然的渐变特点。

图5-2-5 王若铮 作品

第三节　异影

与现实生活中实体与影子的关系相同，异影图形中的实体与影子也具有一定的呼应和关联，并不是两个毫无关系的图形。异影图形常用来反映事物内部的相似性或矛盾性，实体代表表象时，影子是本质的反映；实体代表现实时，影子代表幻象。这样的图形处理方式能够赋予画面耐人寻味的效果。

1. 光照异影

在现实生活中，通过不同角度的光线照射物体会使影子呈现出不同的形态特征。用侧光去照射一片叶子，它的影子会变成一个类似人物侧脸的形状（图5-3-1）；一堆废弃的易拉罐也能在墙上呈现“高楼大厦”的影子（图5-3-2）。在图形设计中，我们

图5-3-1 树叶的影子

图5-3-2 废弃易拉罐的影子

也可以根据创作需要对影子进行加工变形（图5-3-3），这样的图形被称作光照异影图形。

2. 镜面异影

不仅光照会产生影子，镜面反射也会产生影子。相比光照影子的单一色彩，镜面反射出来的影子具有更丰富的色彩和细节。美国摄影师Tom Hussey为一群人“拍摄”了一组特殊的“对镜自赏”照片（图5-3-4）。镜子前的老人满头白发，当他们望向镜子的时候，看到的是年轻时朝气蓬勃的自己。镜面异影的手法赋予这套作品深刻的意义，让观众直观地感受到时间的推移，引人深思，让人感叹生命的可贵，唤起人们对时间和生命的感悟。

图5-3-3 刘雅君 光照异影作品

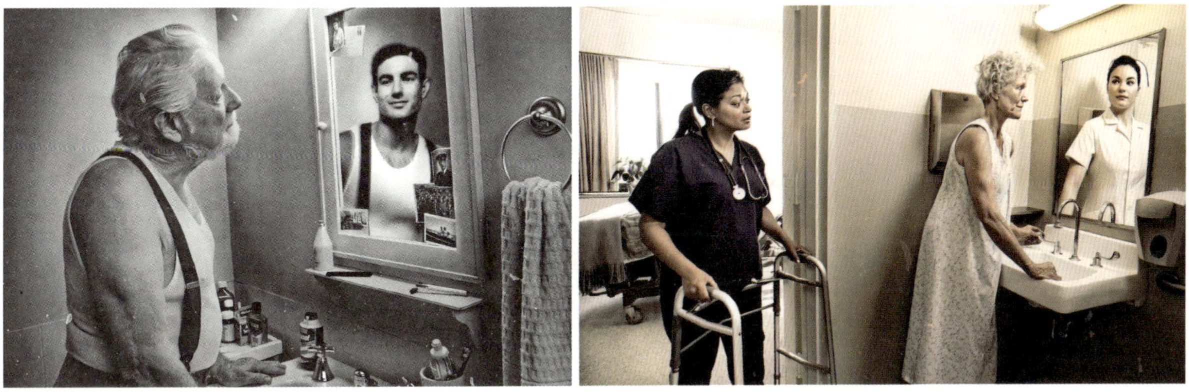

图5-3-4 Tom Hussey摄影作品

第四节　正负形

图形语言中的“正负形”，亦称“正负图形”，特指借用常规画面中“正形”和“负形”互相衬托的规律创作出的具有特殊寓意和趣味性的图形。正形和负形相互借用、相互依存，是你中有我、我中有你的一类创意图形。

所谓“正形”和“负形”是相对而言的。通常情况下，画面中实在的形，作为主体形象被重点描绘和突出表现的形态，被称为“正形”；而画面中虚空的形，与背景连成一体或者被主体物形态“切割”后、作为主体物衬托的形态被称为“负形”。一般来说，画面中正形和负形通常表现为“图”与“底”的关系，二者是不可分割的。

正负形中图与底相互映衬，相互隐藏，使图形的语义获得最大限度的释放。哪是图，哪是底，完全取决于人们视觉的聚焦点。这种正负形，为视觉设计提供了有意味的形式，也成为组织画面空间的基本设计手法之一。中国传统图形“太极图”（图5-4-1）正是运用了正负形设计法则，表达了阴阳轮转、相反相成是万物生成变化根源的哲理，黑白对比强烈却又融汇合一。

想要设计出在视觉上出奇制胜的作品，就要学会看“负形”，即“底空间”，并且巧妙利用“底空间”，利用图-底间互存共生的关系来探究错视原理，创造出简洁有趣的效果。著名的图形鲁宾杯（图5-4-2），可以看成是两个人的侧脸，也可以看成是一个黑色的杯子，这取决于观众将哪一部分图形当作自己的知觉对象，而剩下的部分则被当成背景。

“正负形”最核心的形态在于二者的“共用线”，即两个或多个互为正形和负形的图形所共有的边缘线，这条边缘线可能是正形和负形的全部或局部轮廓。基于这条“共用线”，正负形的互为关系得以成立。创作“正负形”也主要围绕这条“共用线”展开，包括以下几种思路。

1. 延伸边线

先确定主要形态，然后观察边缘线的某个局部，尝试根据这个局部的边缘线“延伸发展”出另外一个形态。这两个形态就能组合成为“正负形”。

这种创作正负形的方法，适合于主图形已经确定不变的情形。如图5-4-3，将手掌的边缘线延伸发展为鸽子的外轮廓，手掌逐渐融合为鸽子的形态，仿佛手掌内孕育着一只展翅欲飞的鸽子。再如图5-4-4，也是同样的创意方法，树枝的边缘线也作为鱼的外轮廓，正负形由此形成。

2. 寻找相似

寻找两个图形边缘线的相似之处，找到可契合的部分边缘线之后，就可以借助这段相似的边缘线将这两个图形组合成为正负形。这种创作方法，适合用于已经确定用正负形来表现、但具体图形尚未明确的阶段。这时候需要通过发散型思维模式，努力寻找可用的图形。因为还未确定用来表现的具体图形，就可以尝试在众多图形中寻找

图5-4-1 太极图

图5-4-2 鲁宾杯

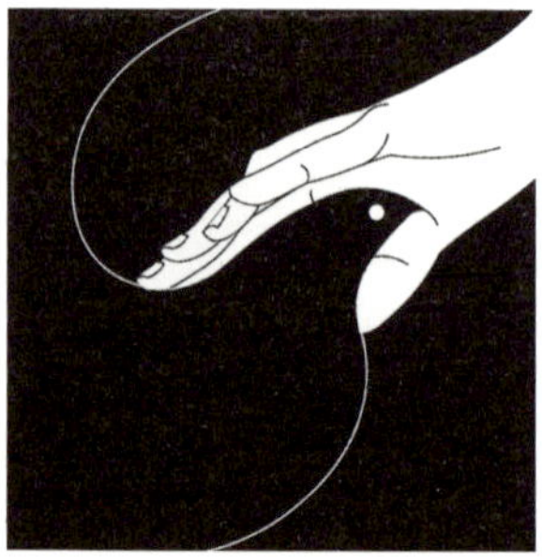

图5-4-3 邹佩霖 作品

图5-4-4 贾美琪 作品

局部边缘线相似的形态进行组合。如图5-4-5，鳄鱼的嘴部轮廓与鞋子相似，作者巧妙地将鳄鱼的嘴部和鞋子的形状融合在一起，鳄鱼的嘴部可能会成为鞋子的一部分，鞋子的形状也融合为鳄鱼的嘴部，从而形成一个新奇而独特的图像。

3. 修改轮廓线

当我们基本确定了用来表现的两个或多个图形形态，并且打算尝试以正负形的构形方法进行表现时，就可以尝试通过“修改轮廓线”的方法进行正负形创作。

将两个图形边缘靠近，甚至部分交叠在一起，修改其中一个或者同时修改两个图形的轮廓线，直至使它们的轮廓线成为“共用线”。修改过程中要注意掌握必要的限度，避免将原来的图形改得面目全非以至于读者完全无法辨认。毕竟，作为正负形组成的“正形”和“负形”，在被受众观察的时候都需要被辨识出来。如图5-4-6，对人的外轮廓线进行适当修改，使其能够契合猎豹的外轮廓线。修改后的图形不仅保留着原本的辨识度，还产生了新的意义（图5-4-7、图5-4-8）。

图5-4-5 刘雅君 作品

图5-4-6 黄可意 作品

图5-4-7 王熙 作品

图5-4-8 张莹洁 作品

更多正负形图形设计作品

第五节　矛盾空间

矛盾图形是图形设计中借助虚拟空间形态构建图形的手段之一。矛盾图形有着特殊的、违背常理的、虚幻的空间形态。创作者通过在透视上“故意犯错”的手法在二维平面上制作能带来三维空间感受的图形。观者将会使用现实生活（三维空间）的常规思维去判断这个图形的真实性。因为这些图形在现实生活中不可能真实存在，所以每当观众在二维平面看到矛盾图形时，都会有一种似乎“真实”而又“哪里不对”的感受。矛盾图形主要有以下四种类型。

1. 反转性远近错视

从不同方向看立体图形，往往会看到不同形状的平面。为了能完整确切地表达立体图形的形状和大小，必须从多方面观察立体图形，比如我们通常会从正面、侧面、上面等几个角度观察和表现立体图形。反转性远近错视就是根据这个特点，故意将多个角度观察所获得的平面图形巧妙组合在一个画面中，形成一种“视觉反转”甚至“远近关系”的不确定性，造成矛盾感。

反转性远近错视矛盾图形，会给观众造成两种空间知觉并存的感觉，其中会存在一部分的“共用面”，这些“共用面”既符合这种视角观察的结果，也符合那种视角观察的结果。如图5-5-1，图中的红色部分可以理解为是垂直于上下两个面的，也可以理解为同属一个平面，这是利用反转性远近错视形成的矛盾图形。再如图5-5-2也是类似的情况。

2. 形态交叉形成幻象

在平面图形中将形体的空间位置进行错位处理，使后面的图形又处于前面，形成

图5-5-1 迟凯伊 反转性远近错视矛盾图形

图5-5-2 刘荐 反转性远近错视矛盾图形

彼此交错性矛盾图形（图5-5-3）。形态交叉造成的幻象图打破了空间中的远近关系，往往能产生矛盾的视觉效果。如图5-5-4，画面中花盆的位置在前，女孩的位置在后，但水壶里的水却浇在了花盆上，形成矛盾感。

3. 边洛斯三角形

边洛斯三角形（图5-5-5）由三个长方体构成，这三个长方体首尾连接形成一个立体的三角形。这个三角形能够被绘制成图形，却无法在真实的三维空间中实现。

边洛斯三角形虽然只是一个小小的立体三角形，但它利用人的眼睛在观察形体时，不可能在一瞬间全部接受形体各个部分的刺激，需要有一个过程转移的现象，将形体的各个面逐步转变方向，造就了矛盾的空间感。

以边洛斯三角形为基本图形，可以衍生出很多矛盾图形，如图5-5-6，三角形中的三个面似乎首尾相连，形成一个可以循环的图形，如同一个荒诞的梦境。

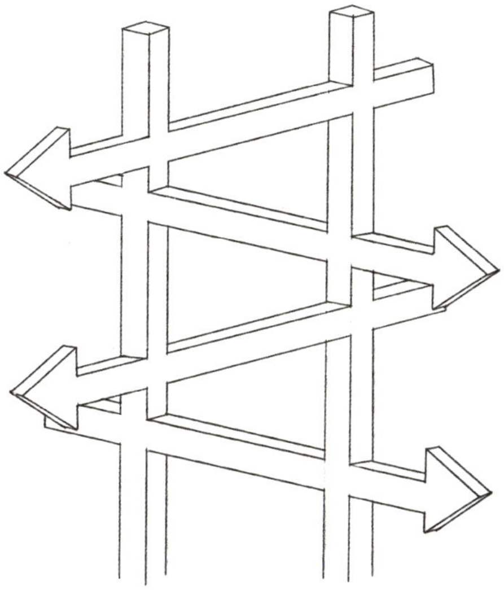

图5-5-3 苗雨 作品

图5-5-4 于昕冉 作品

图5-5-5 边洛斯三角形

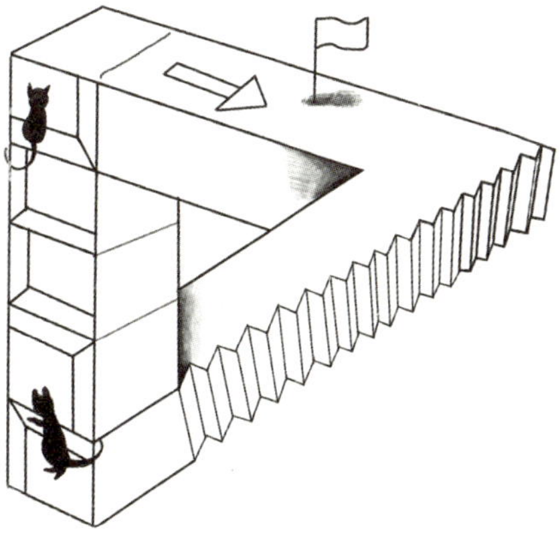

图5-5-6 黄梦婷 以边洛斯三角形为基础创作的矛盾图形

4. 转向不同形态的立体

这种矛盾图形主要是利用线条在平面中空间方向的不确定性，使形体的结构线错位连接搭配，矛盾地连接起来，形成不可思议的非现实形态。

“转向不同形态的立体”注重在二维平面上制造出不同形态的转换或虚实转换的视觉幻象，使眼睛最先看到的形态很快又转换成始料未及的不合理形态。如图5-5-7，从画面上方看是三个长方体，但从画面下方看却变成了两个长方体，它们共用五条垂直线，形成了矛盾图形；如图5-5-8，图形中的线条交错使画面形成了矛盾空间的视觉效果。

图5-5-7 转向不同形态的立体矛盾图形

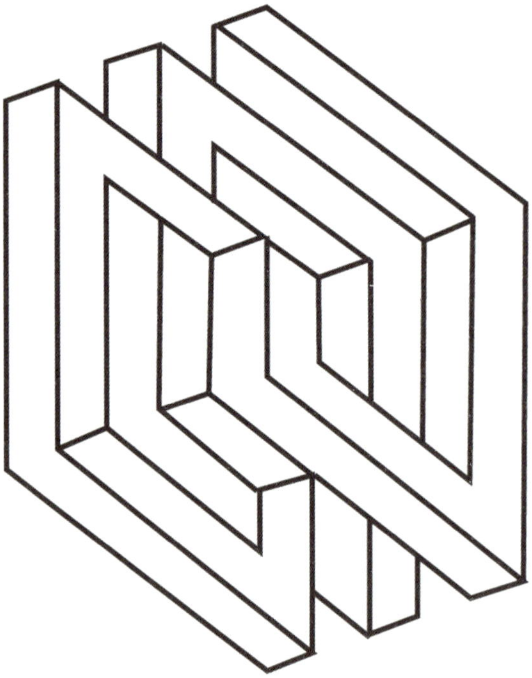

图5-5-8 陈艺晗 转向不同形态的立体矛盾图形

CHAPTER 6

第六章

图形设计主题实践

除了理论与方法，开展图形设计实践训练也是图形语言学习的必要环节。本章通过三个小节，循序渐进地进行图形语言的造型探索，从最基本的图形联想到较复杂的系列化图形创作，在实践训练环节中感受由易到难、由图形变化到语义表达的图形设计过程。同时，本章还列举了课题训练实例及相应的图形设计作品，根据训练主题、参考案例能够边实践边思考，提升个人图形设计能力。

第一节　从形到形的基本训练

图形语言并不为艺术作品所独有，还广泛存在于我们的日常生活中。借助图形语言思维方法，去发现生活中丰富的图形形态，并运用图形语言的构形法则对生活中的物形进行再造型练习，就是从形到形的训练方法。对指定主题的创意表达，是在具象形态和抽象形态之间进行的视觉思维跃迁。这个过程中需要对物形进行观察、联想、分解、重构，挖掘出图形与图形之间的区别与联系，并利用这些联系重组出全新的创意图形。这一阶段的练习可以更好地激发创造性思维，拆卸思想上的枷锁，提升图形表达能力。

一旦选定了再造型的目标图形，就要对这个图形进行深入观察。对图形的再造型是基于对图形外形的深入了解，捕捉每个图形独特的形态特征，通过富有创造力的手法激发图形的表现力。

1. 课题训练：基本几何图形的变形训练

要求：以最基础的几何图形（如圆形、矩形、三角形等）为原型，通过联想、添加、变形等方式对图形进行加工和变形。训练发现图形与创造图形的能力，此过程的重点在于关注基本图形的多种造型可能与形式感，可以不追求图形的意义，也可以通过意义进行联想。

主题一：从圆到圆的联想

图6-1-1：以一个圆形为起点进行联想，最后再回归到圆形。由圆形联想到灯笼，由灯笼联想到莲花，不仅是基于形态相似，还结合了情境联想。如果我们正处于节日期间，由圆形会自然而然想到灯笼，甚至是联想到河里放的莲花灯。从莲花到扇子的联想，可以是由莲花想到古人，进而联想到文人墨客常用的折扇，也可以是由莲花想到夏天，进而联想到扇子。折扇打开的一瞬间如同孔雀开屏一般，所以我们可以从折扇联想到孔雀。当然，如果从另一个角度来联想，如考虑到扇子的功能，我们会联想到电风扇；考虑到扇面上的装饰图案，我们会联想到国画。从孔雀联想到雪花，是从物体的质感来考虑的，孔雀开屏的一根根羽毛与雪花非常相似；除了物体的质感，还可以从图形的骨骼来考虑，雪花的六边形结构与控制船舶航向的船舵、摩天轮的钢架有着相似的骨骼结构，在联想时会将这些事物联系起来。因此，联想思维并没有确定的标准，思考的角度、所处的情境等因素都会影响联想的结果。在这个过程中，创作者需要捕捉图形特征并加以联想，并最终回到起点，形成一个逻辑闭环。

主题二：三角形的发散联想

三角形具有稳固、向上的特点，不仅在自然界中含有很多三角形特征的物质，艺术家、建筑师们也钟爱这个形状，设计出了大量三角形的作品。对三角形进行发散联想，寻找具有三角形特征的图形，既可以是图形整体具有三角形特征，也可以是图形中的某个元素具有三角形特征。

图6-1-2：根据三角形棱角分明的特性，我们很容易联想到三棱镜、衣架、船帆等。除了从形状特征进行考虑，还可以考虑其图形结构。三角形的特点是稳固，因此人们将火堆里的木头堆叠成三角形结构，路障也制成三角形结构，以达到稳定的效果，因此从稳定这一特性出发，我们还可以联想到很多具有这种特性的物体，如金字塔、屋顶、起重机吊臂等。

主题三：矩形的发散联想

矩形具有极强的秩序感，其方正的外轮廓具有安定的视觉效果，对矩形进行发散联想，寻找具有矩形特征的图形。

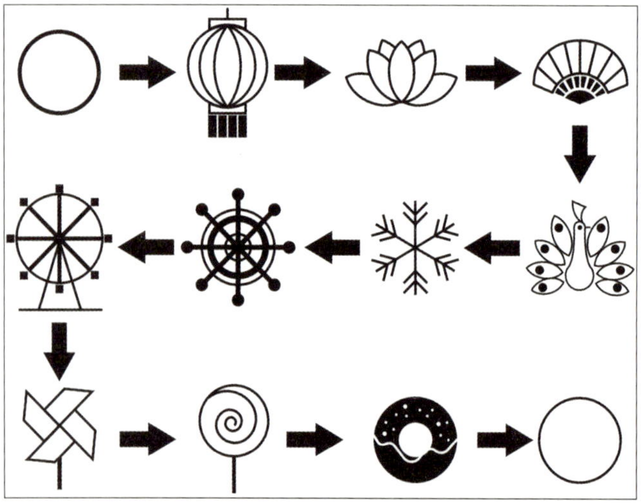

图6-1-1 史宸熠 圆的联想训练

图6-1-2 李海铭 三角形的联想训练

图6-1-3：在联想图形的创作中加入了明暗、细节的塑造，对矩形的联想从二维平面延伸到三维立体，由矩形联想到的相机、插头、公共汽车等都具有强烈的写实效果，使图形达成了从平面到立体的转换。

2. 课题训练：简单形状的扩展造型

要求：以生活中常见的事物为原型，运用图形语言的构形方法（如置换、重组、拼置等），通过加入元素及局部造型改变等方法，使得在原型整体造型不变的情况下，画面的表现形式更为丰富。

主题一：鞋子的扩展造型

图6-1-4：鞋子是生活中常见的物品，其款式多样，造型相比上一个课题的几何图形复杂。作者基于不同款式的鞋所具有的属性特征进行造型扩展训练，跑鞋的特点是使人穿上它之后奔跑的速度更快，因此可以和以速度快著称的飞机联系起来，在表现手法上，将鞋子作为飞机的机身，鞋底的鞋钉作为飞机的轮滑，再加上机翼，形成一个拼置同构图形。军靴的特点是坚硬，将鞋底部分置换为坦克的车轮，以达到突出其特征的目的。这种联想方式是提取物体的主要特征并将其以另一种具有相同特征的事物表现出来，不仅能够强调物体的特征，还能搭建图形与图形之间连接的桥梁。如将学步鞋与兔子联系，突出“可爱”的特点；将皮鞋与领带联系，突出“正式、庄重”的特点。

图6-1-3 迟凯伊 矩形的联想训练

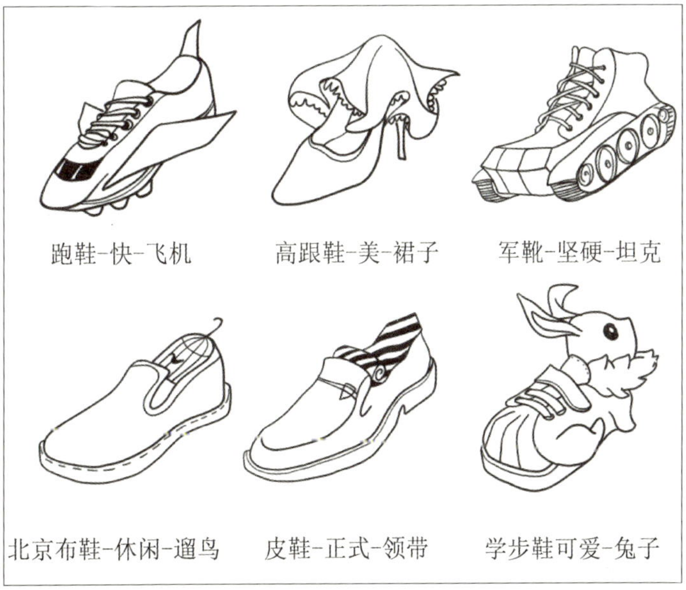

图6-1-4 赵子仪 鞋子的扩展造型

主题二：鸭子的扩展造型

图6-1-5：以鸭子为原型进行扩展造型训练，可以是对鸭子形态进行部分改造，如保留鸭子的头部特征，将鸭子的身体改造为酒杯、碗、云朵等；也可以根据鸭子的特征进行发散联想，如将鸭头联想为鸭舌帽等；还可以寻找其他图形拼接成鸭子形态，如用胶带模拟鸭子的外轮廓特征。

主题三：二维码的扩展造型

二维码是生活中常见的一种编码方式，几何图形在正方形的平面上按规律排布，形成黑白相间的二维码图形。二维码的扩展造型训练，可以根据二维码的造型特点，用其替换生活中的图形，增加画面的趣味性。

图6-1-6：对二维码的扩展造型联想不仅可以从形态上入手，将二维码图形填充在其他图形中，魔方中正方形方格与二维码造型非常契合，在其他颜色相同的情况下对其中的某一块方格进行元素替换，形成特异

图6-1-5 孙悦涵 鸭子的扩展造型

图6-1-6 陈紫云 二维码的扩展造型

优秀学生作品集锦1

构成效果。在图形意义上，表达出在众多相同事物中与众不同的存在。还可以从肌理、质感等方面入手，如土壤的颗粒、毛巾的纹理、泡面的质感都与二维码密密麻麻的黑白小点有类似之处，我们可以对此进行替换联想。

主题四：手的扩展造型

手的扩展造型，包括几个不同的训练方向：其一是绘制不同手势，体现不同手势表达的不同含义。其二是以手的形状为基本形态的视觉想象，可以借用同构、影子图形、正负形、矛盾图形等手法创作手的扩展造型。

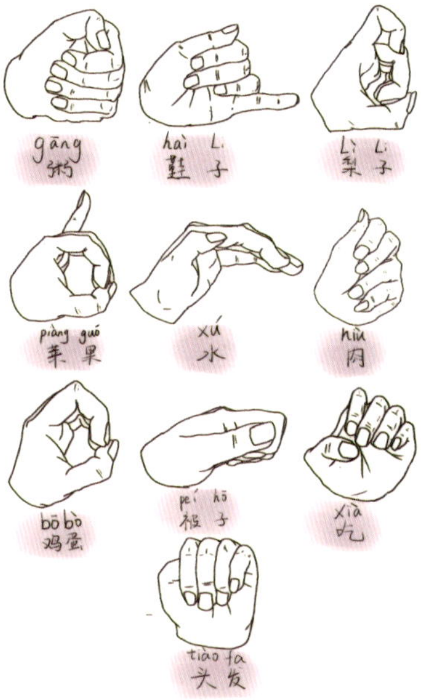

图6-1-7 刘荇 手的扩展造型

图6-1-7：以湖南省浏阳市的方言描述生活中常见的事物，并用手的折叠与姿势来模拟这些事物的外形，可以是正形，也可以是负形，如图中的苹果，是用手部动作组成的正形来表现的，翘起的小拇指代表苹果枝，其他四指握成一个圆形，代表苹果；而鸡蛋则是用负形表现，同样是用手指握成一个圆形，但手指中间形成的负形更接近鸡蛋的样子。用手来表现物体往往更加抽象，追求意义上的相近，如图中用五指紧握成拳头的动作表现头发，乍一看非常难以理解，但我们仔细观察并进行联想就会发现，整齐的四指就像柔顺下垂的头发一样。

第二节　图形与意义关系的表达训练

经过对图形的观察和描绘，除了对图形的表象结构形成了认识以外，还需要主动去挖掘其深层次的意义。对图形意义的挖掘，就是以新视角从旧元素上发现新的视觉意义，从而实现对自然物象视觉语义的再发现。创意是对已知图形的分解、归纳、重构和发现，是通过旧图形创造新图形。每个人对图形的主观认识都是不同的，主要可以通过形态特征、色彩、线条等来体现。创作者在已知信息的引导下去解读图形的意象部分，最后通过艺术手法使象征意义表现出来，就完成了图形与意义关系的联结。受众则是在观察图形形态和感受图形意象之后，根据自己的知识阅历、文化背景等方面的积累阐释图形的意义。

1. 课题训练：图形的寓意联想

要求：以生活中常见的物体为原型，运用正负形、异影等方法对物体的形、外轮廓或造型特征进行改造，在其中置入新的图形，赋予图形组合多重含义。

主题一：正负形寓意联想

图6-2-1：将字母延伸扩展到英文单词，寻找到与首字母有关联的动物单词，并将单词所代表的动物与首字母的形结合起来，形成正负图形，其中字母的形状为正形，动物的形状为负形。在对动物形状的表现中，也会依据字母的形状做出调整，如“C”“D”中表现出完整的猫和狗的形状，“F”“I”中则只表现出鱼尾、朱鹮嘴这样具有鲜明特征的图形局部。

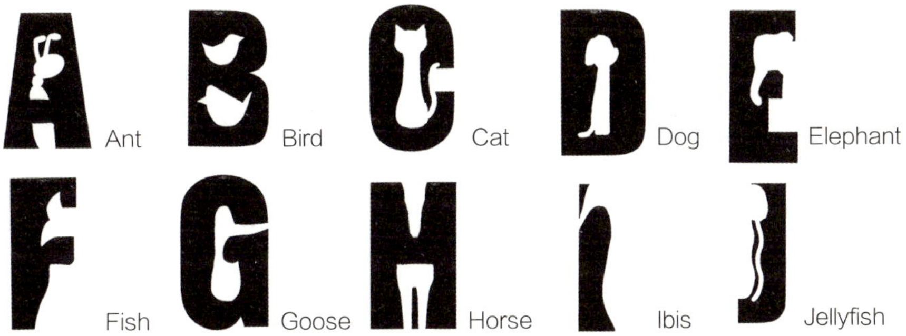

图6-2-1 迟凯伊 正负形寓意联想

主题二：异影图形寓意联想

通过异影图形的寓意联想，可以揭示图形背后的寓意，用来引申出作者想要表达的深层含义。联想到的异影图形可以是与主体外轮廓相似的图形，也可以是通过主体变形得到的图形，还可以是与主体意义相联系的图形。

图6-2-2：图形创作的灵感大多来自身边现实生活中的信息，以此产生联想，再寻找合适的图形将其表达出来。除了根据图形轮廓进行联想，还可以将一些深刻寓意添加进去，带有深刻寓意的作品能够引人深思、与人共鸣。比如第二行第一个图形是网络上表示“不赞同”“踩”的标志，代表不良网络言论，而它的投影则是一把刀尖朝下即将刺下去的匕首，意味着语言也能带来可怖的杀伤力；第三行第一个图形是孩子堆在沙滩上的沙雕，投影是非常豪华的城堡，作者认为儿童的想法或兴趣爱好都应得到尊重和赏识，过家家的沙雕代表着孩子关于未来的美好梦想。

图6-2-2 赵一诺 异影图形寓意联想

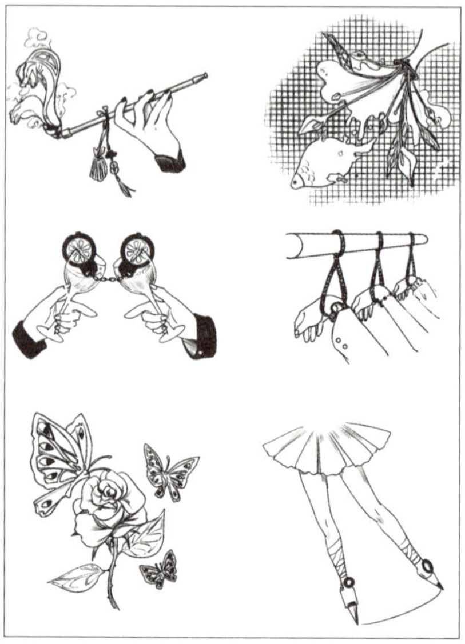

图6-2-3 苗雨 同构图形寓意联想

优秀学生作品集锦2

主题三：同构图形寓意联想

同构图形的寓意联想可以给人带来一定的想象空间，同构的方法也有很多种：拼置、置换、置入、肖形、显异等，可以产生丰富多彩的趣味及深刻的意义。

图6-2-3：从物体的整体形态和局部特征两个方面进行同构图形的创作，并且加入了讽刺等修辞手法，以酒杯上的柠檬皮比喻手铐，代表着觥筹交错中暗含的犯罪行为；公车上的扶手比喻绳子，表现出为生活疲于奔命的人们如同被附上了枷锁。画面内容丰富，能够引起观众的共鸣与深思。

2. 课题训练：图形的抽象意义提取

主题：基于中华文化元素的公共标识设计

传统文化是中华民族宝贵的财富，通过创意性思维对中华传统文化的特征进行概括、提炼、简化、结合，并运用创意性思维和图形设计手法将文化内涵进行转化，用打破常规的方法形成具有指示性的标志。

图6-2-4：以京剧脸谱作为主要元素，提取脸谱的主要颜色和线条，对其进行图案化、标识化，将几种不同颜色的脸谱与现代生活中的标识或物品进行结合，体现脸谱艺术特点的同时又能通俗易懂。京剧脸谱中的男性与女性区别鲜明，其中男性的胡子、女性的丹凤眼都是其鲜明的特征，作者在创作时突出这些差异，并结合不同色彩，形成具有高度识别性又不失文化特色的标识。

图6-2-4 赵一诺 以京剧脸谱为原型的公共标识设计

第三节　从意义到概念的系统化训练

从图形的意义到概念，要求创作者围绕一个特定的主题发散思维、寻找素材，并对素材进行汇总、加工，找到它们之间的联系并以一个全新的组织方式表现出来。图形在此时并不是简单的视觉符号，而是意义与概念之间的载体，是对哲理最精彩的解析过程。图形也不是简单的逻辑性、叙述性创作，而是经过设计者的观察和思考并通过作品的演示不断折射扩散的过程，因而富有冲击力和挑战性。看似单纯的图形，却蕴藏着丰富的语义。

1. 课题训练：环保主题图形创作训练

将图形意义上升到概念，以环保主题进行系列化的图形创作。可以采用图形设计常用的构形方法通过具象的图形表达抽象的主题思想，从而引发观众更深层次的认识和反思，以达到警示作用。

图6-3-1：这组海报以环保为主题，将瓶盖、塑料袋等元素与海洋生物进行了结合并发散联想，瓶盖与章鱼足、塑料袋与水母的组合表现出海洋垃圾对生态系统造成的危害，警示人们保护生态环境。

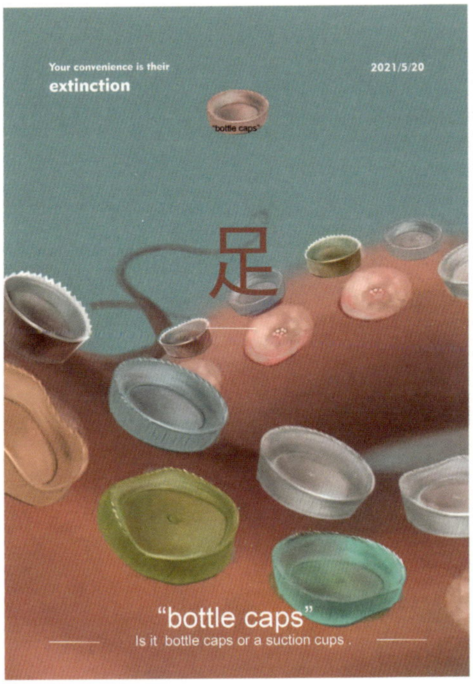

图6-3-1 薛冰 环保主题图形创作训练

2. 课题训练：系列化表情包设计

对某一特定形象或群体进行系列化的表情包设计，在保持整体形象不变的情况下表现出多种生动的情绪，表情包的设计可以采用夸张的手法，如打破形象原有的身体比例、将五官进行夸张扭曲等，从而产生吸引眼球的视觉效果。

图6-3-2：三星堆中新发布的文物展示了许多以前未见过的器型，形状新奇且有趣。受此启发，作者将这些器型中类人的五官和外形转化为表情包，并给其设计了简单的动作与文字，使其能够适用于各种网络聊天场景。为了丰富表情包的人物内涵，作者选择了青铜文物中最具代表性的青铜绿色作为主色调，并使其明度更高，更符合现代人的审美。在此基础上点缀了黄色，以增加视觉冲击力，使整体形象更加活泼可爱。在字体上，表情文字采用了手写体文字，以符合表情包本身简单俏皮的形象。

3. 课题训练：文字的图形化设计

对汉字“北京中轴线”进行图形化设计，在设计中加入文化、历史、地域等概念，赋予文字更丰富的视觉效果和含义。

图6-3-3：北京的城市规划具有以宫城为中心左右对称的特点，很多建筑都建造在对称轴上，称为中轴线。字体设计想要追求稳定、大气的视觉效果。笔画粗细、斜度尽量保持一致，对笔画中的空间做均衡的分配，保持字体紧凑、有力、形态美观。并且与传统建筑的飞檐相结合，使其具有一定的装饰性。作者巧妙地使用了透视效果来表现字体，使其更加贴合北京中轴线的主题。

优秀学生作品集锦3

图6-3-2 耿子涵 青铜器造型的表情包设计

图6-3-3 耿子涵 文字的图形化设计

第七章 图形的表现手法

CHAPTER 7

在完成图形设计实践训练的基础上，掌握更多图形语言的表现手法也是十分必要的。一方面，丰富的表现手法能够给予作品更好的视觉效果；另一方面，不同表现手法的独特优势能够帮助作者针对不同题材的内容展开更好的创作。本章从笔法笔触的应用、空间维度的变化、肌理的制造以及如何添加装饰等四个方面对图形设计中的各种表现手法进行了详细阐述，其中应用笔法及笔触包括了国画、油画以及版画等传统绘画中所使用的表现手法。变化空间维度将图形的表现范围从平面扩大到立体。制造肌理一节从介绍自然肌理的特征延伸到人为制造肌理效果的方法。添加装饰一节则分别从装饰的繁简、装饰画的特征及公共艺术中的装饰等几个方面讨论了添加装饰对图形设计的影响，并分析了各种表现手法应用于图形设计时的优秀案例，使图形设计作品更具表现力。

第一节　应用笔法及笔触

1. 国画：工笔与写意

以水墨晕染为主要特征的中国传统绘画历史悠久，通常被简称为“中国画”或“国画”。以表现技法划分，中国画包括工笔、写意两种主要类型。

工笔是指用工整的线条和严谨的填色对事物进行精细刻画与描绘，令读者产生清晰深刻的印象。工笔画画面写实，细节刻画丰富，追求具象以及细致入微的视觉效果。在绘画语言上，工笔画以勾勒积染为本，主要用线条去表现物体的造型、体积、肌理、重量甚至运动感。

写意的基本含义为表达心境，书写心意。中国画中的写意是用笔墨来塑造意境和传达观念。写意画不拘泥于细节，笔触也更加洒脱，往往寥寥数笔便表现出整个画面，在表达上追求对“意”的诠释。

兼工带写则是介于工笔与写意之间，既有工笔画细致工整的特点，也有写意画简练奔放的特点。无论是工笔、写意，都注重“形神兼备”，追求画面在造型和意境上的生动表达。

工笔画注重线条自身的形态美。工笔“十八描”（图3-1-13）中涵盖了工笔人物画衣服褶皱的各种用线技法，表现对象的质地、形态、神态不同，线描的手法也不尽相同。

“吴带当风，曹衣出水”就极其清晰地概括出两种不同线描风格产生的画面效果。在唐代著名画家吴道子的画中，人物的衣服如同被风吹起一般，以大胆潇洒的线条表现出衣服轻飘、宽松的质感，栩栩如生。相传为吴道子作品的《八十七神仙卷》（图7-1-1）中虽然没有丰富浓郁的色彩修饰，但以富有韵律感和节奏感的线条来表现优美而庄重的视觉效果。吴道子在画中大量使用“十八描”笔法中的高古游丝描和铁线描，线条均匀而细密，描绘出神仙们在祥云中摇曳着飘逸而灵动的裙摆，“如行云之飘渺于太空，流水之流行于大地”。南北朝时期北齐画家曹仲达的笔法受犍陀罗艺术的影响（图7-1-2），用笔呈圆弧状，这种笔法在“十八描”中被称为“曹衣描”，他笔下的人物衣衫是紧贴皮肤的，就像是刚从水中出来一般，从衣服的褶皱与线条可以清晰地感受到人物的体积与重量，同样是注重裙摆的描绘，与吴道子绘制的线条形成鲜明对比。

工笔画的笔法除了能够表现衣服的质感，还着重于人物神态的塑造，以传递画面视觉效果中蕴含的精神层次。五代时期南唐人物画家顾闳中的《韩熙载夜宴图》（图7-1-3）就对人物的形态神韵进行了仔细刻画，并使用战笔水纹描来表现薄而褶多的衣纹，尤其用以刻画主人公韩熙载。画中仕女们的浅素色衣衫与官员们的深青色衣衫形成鲜明对比，以及坐在大桌旁的韩熙载一身高饱和度的红色衣衫又与其他人形成鲜明对比。作者的这一安排让画面主次分明、虚实有序，也让观者把目光聚集于韩熙载紧锁的眉头和忧郁的眼睛上，凸显出他空有一身才气却郁郁不得志，只能寄情于欢乐场中，但掩盖不住内心的落寞与孤寂。这幅画中的线条没有像《八十七神仙卷》那样密集，对画面的表现除了线条外，还使用了色彩、明暗对比的方法来进行修饰，造型准确细致，空间关系非常清晰。

图7-1-1 吴道子《八十七神仙卷》(局部)

图7-1-2 曹仲达同时期北齐佛造像

图7-1-3 顾闳中《韩熙载夜宴图》(局部)

工笔画的风格多样，有如白描画《送子天王图》（图7-1-4）那样注重线条疏密、画面装饰效果的，也有如设色画《写生珍禽图》（图7-1-5）那样注重视觉真实感、刻画细节的。《送子天王图》中对衣纹的描绘富有飘逸的动感，由于整个画面都以线条构成，所以作者更加注重线条的粗细、轻重、虚实与疏密。例如，在人物的五官、头发等细节处线条细而密，在衣袍褶皱处的线条粗而疏。作者并不追求画面的写实效果，而是通过线条构造出画面的装饰美，形成优美的节奏和韵律。“黄荃富贵，徐熙野逸”是对五代工笔画两大流派主要特征的表述。以黄荃为代表的“宫廷画派”风格华丽，他的作品《写生珍禽图》描绘了二十四种昆虫动物，画中所绘对象结构严谨，形态准确，从鸟雀的每根羽毛到龟身的纹理，以及昆虫的须、爪、翼，都表现得一丝不苟，质感真实。精细的用笔和严谨的布局处处体现出皇家的华贵身份和森严规则。《写生珍禽图》的画面中没有明显的装饰性线条，而是注重造型的准确和色彩的晕染，力求刻画出动物昆虫的真实感。与《写生珍禽图》不同的是，相传为徐熙所作的《雪竹图》（图7-1-6）绘制了江南雪后野外的竹石枯木，竹子的造型少了严谨与规整，而是突出了生机勃勃、情趣盎然的特点。观者可以在画面中明显感受到文人随性的情调和高雅的审美。

工笔画中还有一种特殊的类型称为“界画”，即作画的时候用界尺引线。界画通常适用于画建筑，张择端所作的《清明上河图》（图7-1-7）也是界画的代表作之一。《清明上河图》中的建筑达到了秩序性的组景，建筑的结构与细节都进行了细致刻画，样式、构造都严格按比例绘制。北宋李诫编修的《营造法式》也把建筑图纸画本称为“界画”，对其建筑结构比例、规范程式作出详细的规范，其中设计细节和装饰构件的标准制订都体现出科学法度。界画的用笔严谨，力求精准细致，分毫不得逾越，因此更加精确地记录了古代建筑的原貌。

图7-1-4　吴道子《送子天王图》（局部）

图7-1-5　黄荃《写生珍禽图》

图7-1-6　徐熙《雪竹图》

图7-1-7　张择端《清明上河图》中的建筑

写意画从笔法上可分为大写意和小写意。大写意的笔墨潇洒随性、形象概括，有的还与书法中的草书结合，夸张豪放；小写意也就是兼工带写，相比起大写意来说更侧重写形，在把握细节的同时追求意境，既有工笔画细致工整的特点，也有写意画简练奔放的特点。梁楷的《泼墨仙人图》（图7-1-8）是一幅大写意人物画，重意取神，突出人物的形神意蕴，而淡化了造型结构，线条的重要性在画面中没有工笔画那样突出，而是更加注重笔触的变化和水墨的晕染。不同于工笔勾线笔法的作品，作者用泼墨写意的方式寥寥数笔就绘制出一位袒胸露乳的仙人。从外形上看，仙人的造型并不符合真人的结构特征，他外形夸张，额头高耸，五官缩成一团；从细节上看，仙人所穿的衣物是用大片墨色来表现的，没有对衣服的轮廓、褶皱等细节进行刻画，但面与线的结合让图形变化更加丰富多彩，墨色与留白的对比让人产生无限遐想。仙人诙谐夸张的造型体现出作者无拘无束、豁达开朗的人生境界。

写意花鸟不像工笔花鸟那样追求质感、肌理的细致入微，在画面中将笔画高度浓缩，一气呵成。用一笔顺锋就表现出一朵牡丹，用一遍泼墨就表现出一池荷叶。徐渭的大写意作品《水墨葡萄图》（图7-1-9）中的葡萄就是一串看似随意涂点的墨印，叶子也由墨汁晕染成一片，只有模糊的葡萄轮廓，没有丰富的细节存在，但实际上这些墨印里蕴藏着节奏感，表现出葡萄倒挂枝头、晶莹剔透的形态，作者也将自己的情感寄予笔墨之间。

图7-1-8 梁楷《泼墨仙人图》

图7-1-9 徐渭《水墨葡萄图》

在山水画中，有许多经典之作都采用小写意的技法，用精细的线条去勾勒山石草木的形态，细节严谨丰富，画面整体形式也非常工整。但山水画注重意境的营造，因此同样要构建以“意”为先的山水之境。王希孟的《千里江山图》（图7-1-10）由七大组群山组成，类似某个具体地域的山势像画卷一样徐徐展开，每组山都将主峰和诸多辅峰组合起来，如同一座座山岛矗立在江边湖畔，形成互有联系的“岛链”。画面中以青绿色渲染山水，构成了以青绿调为意象的色彩语言。值得注意的是，《千里江山图》并非只有写意的描绘，也有细致的“工笔”刻画，画面中的船舶、人物、飞鸟等元素都有非常细致的塑造，甚至连船身的零件构造都非常清晰地表现了出来。

图形设计中的写意手法，采用的是意象造型的方法，表现的图形是既有象又有意，这种似与不似图像之中既包含物象的特征与生命状态，又表现了设计者的情感与意念。因而采用写意造型方法进行图形设计，是将形与主题巧妙地结合在一起，成为一种视觉符号。写意造型中一些抽象的点、线、面、形状被设计者精确地提炼成一种视觉意象符号，达到抽象地表现物理的和非物理的事物或事件的目的（图7-1-11）。靳埭强的海报《九九归一》（图7-1-12）采用了写意的手法，用水墨画出两个“9”字，两个“9”字套在一起形成了一个“回”字，既有“回归”的隐喻，还有涟漪的视觉效果。在视觉中心上以一瓣莲花为渡船，花开花落，回归母怀，落在两个“9”字组成的

图7-1-10 王希孟《千里江山图》（局部）

图7-1-11 刘正法《共生》系列海报

图7-1-12 靳埭强《九九归一》

"回"上。莲花是澳门的象征，整个意境体现出莲花超然洁净的精神本质。

图形设计同样也可以与工笔绘画技法结合，在线条的运用上与工笔画大致相似，用线条的长短、粗细、轻重来表现物体的前后与虚实关系，尤其是线条转折处、落笔处的勾勒方法也与工笔十八描笔法有许多暗合之处。工笔手法的图形设计讲究形的准确性与生动性，在意义的表达上也更加直白，读者往往通过图形本身就能理解作者想要表达的主题，如图7-1-13、图7-1-14。

2. 油画：堆叠与平滑

油画作为一个绘画种类是指用油性颜料在画布、纸板或木板等平面上作画。油性颜料的特点是干燥缓慢、有光泽感且可以反复覆盖厚涂，因此油画具有强烈的表现力和丰富的画面效果。

因表现风格、题材、创作思想等方面的差异，人们将历朝历代的油画分为了古典主义和印象主义（亦称"印象派"）、后印象主义、抽象表现主义等不同类型，每一种油画类型均拥有较为独特的图形语言。

古典主义强调对事物的精确反映和还原，反对过分个性化与情绪化的表现，因而在绘画中严格遵守着细致微妙还原对象的准则，笔触的运用也被严格限制。古典主义油画追求画面平整光洁，笔触也遵循着人物或物体的结构变化而进行排列，画家为了取得工整细密、表面光滑的画面而有意识地将笔触隐没，以至于需要在一定距离之内才能看到笔触的存在。意大利文艺复兴时期著名画家达·芬奇（Leonardo da Vinci）擅长使用加光术和"晕抹烘托法"，在光照处层层加色，使画面产生起伏的体块和强烈的光影效果，同时以明和暗的微妙层次显现物体的形状和"圆味"，这也是古典主义油画光滑工整、少

图7-1-13 孙艺轩 工笔风格图形设计

图7-1-14 孙净依 工笔风格图形设计

有笔触痕迹的原因。他的作品《蒙娜丽莎》（图7-1-15）使用了“渐隐法”，将人物轮廓渐渐融入背景中，眼角和嘴角的边界处也采用这种方法，使其柔和地转折，与阴影逐渐相融。荷兰画家伦勃朗（Rembrandt Harmenszoon van Rijn）在自画像（图7-1-16）中也遵循着上述笔触原则，画面中笔触隐而不显，细节精致入微，着重描绘光影的对比。通常情况下，画面中人物的面部五官、皮肤受到强烈的光线照射后，明暗对比会非常明显，亮部得以细致塑造，且与暗部过渡平缓，少有明显的笔触痕迹。

图7-1-15 达·芬奇《蒙娜丽莎》

图7-1-16 伦勃朗《自画像》

古典油画以精确的透视、细致的塑造再现了自然对象的真实面貌，其中细腻的笔法和平滑的画面效果也可以运用在图形设计中。设计者可以结合创作主题的本质，并把各种元素抽取出来进行塑造。这种手法体现出图形创作从客观再现向主观表现的转变，不仅让图形再现真实的质感，同时还能完成自我情感的真实表达。（图7-1-17、图7-1-18）

印象派画家普遍认为自然世界在光线的作用下是以色彩光斑的形式组合作用于视觉感官的，对这种视觉感受的捕捉则可以通过最为直接和独立性的笔触肌理在画面中反映出来。与古典主义油画作品相比，印象派的画作画面肌理质感更加明显，颜料质地厚薄不均，笔触效果也更加突出，注重色彩和光影而不注重物象轮廓，艺术家们依靠色彩冷暖以及笔触和肌理的明晰程度与大小来提示空间距离的存在，试图捕捉瞬息万变的自然之美并如实展现。这样一来，便将油画导入了一个以绘画因素所主导的视觉表现流程之中。法国印象派画家克劳德·莫奈（Claude Monet）的《印象·日出》（图7-1-19）描绘了薄雾中阿佛尔港口日出的景象，画面中的阿佛尔港口被一片雾气笼罩，看不清其确切的轮廓，只有与日光、水气融合在一起的模糊的色彩，可以看出莫奈并不是要画一个真实的、充满细节的海港场景，而是着重描绘日出时光与色表现出来的视觉印象。

后印象主义注重画面的厚重感、体量感，特意借助笔触塑造体积感、堆叠感和流动

图7-1-17 Evelyn Su 古典油画风格图形设计

图7-1-18 Dmitry Mirilenko 古典油画风格图形设计

图7-1-19 莫奈《印象·日出》

图7-1-20 梵高《星月夜》

感。梵高的油画总是存在感极强的线条笔触，夸张、大胆、扭曲。这样的笔触处理方式让他的画面充满了热烈的活力。他的作品《星月夜》（图7-1-20）中，不同颜色的笔触在画面中延伸、流动，看起来虽然琐碎繁多，但也像旋涡一样聚集成了一个又一个的图形。

当后印象主义中流动、堆叠的笔触效果被运用在当代图形设计中时，能产生绚烂和梦幻的效果。电影《深海》（图7-1-21）将“流动笔触”结合“粒子水墨动画”技术，让这些笔触动了起来，笔触沿着海水的波澜延伸，构成了流动飘逸的画面，如同置身在一个美丽的梦境中。

抽象表现主义油画更加注重笔触所带来的视觉形式，肆意挥洒的笔触成为画面的主角，艺术家们将笔触和肌理视作一种独立的表现手段，也正是因为这样，抽象表现主义的画作具有不可重复和不可预见的特点。抽象表现主义代表人物、美国艺术家杰克逊·波洛克（Jackson Pollock）创作《薰衣草之雾》（图7-1-22）时，将未完全撑开的画布平铺在地板上，倾倒、滴注不同色彩的颜料在画布表面，再用硬币、针头、指甲等工具刻画出线条。画面中没有需要刻意描绘的某个人物或物体，而是不受约束的线条和堆叠起伏的肌理，充满了自由奔放的活力。

图7-1-21《深海》电影海报

图7-1-22 波洛克《薰衣草之雾》

图7-1-23 穆夏作品

新艺术运动中的著名捷克艺术家阿尔丰斯·穆夏（Alphonse Maria Mucha）的作品中既有古典油画细致而华美、浓郁的色彩，也有现代插画中简约而富有装饰感的图形。他在招贴作品（图7-1-23）中结合了古典油画的创作形式，并在传统油画与现代招贴风格间寻找到了一个平衡点，使他的作品形成了独特的面貌并对后世设计师的创作产生了深远影响。

3. 版画：刻印

版画中的装饰性图案和线条轮廓具有独特的形式感。根据制版材料的不同，版画主要分为木版画、铜版画、石版画、丝网版画、纸版画以及综合版画。在古代的艺术创作中，使用最多的是木版画，也有一些铜版画。20世纪初，人们利用感光制片的方法得到了丝网印刷技术，丝网版画的画面效果与木版画、铜版画有很大区别。

木版画主要依赖作者对各种制作工具，如对形状、宽窄、刻痕各异刀具的掌控来改变木板的物理形状，完成制版的过程，再通过拓印、刷印等手工印刷为主的方式完成印制过程。不同形状的刻刀锋刃会在木板上留下带有标记性的刀触，通过拓印会在纸本上留下无可替代的印迹。每一种不同的刀具都具有其独特的点、线、面性状，可以唤起诸如精细、浑厚、柔和、犀利等视觉印象，甚至引发进一步的触觉联想。

德国著名艺术家凯绥·珂勒惠支（Kathe Kollwitz）的木版画富有鲜明的艺术特征，影响了后续众多版画艺术家的创作风格。我们可以从作品的刀刻、肌理中感受到她对劳动人民的悲悯和同情。珂勒惠支的版画创作常用到大圆口刀和角刀，这两种刀口表现的线条感非常锋利，在画面中有突出的刀刻纹理。画家以刀代笔，凸显版画线条的雕刻意味，更加主观地强调线条作为绘画的基本元素在画面中的作用，把线条本身的形式意味与画面的主题内容相呼应。系列作品《战争》（图7-1-24）中用刀刻展现出极具张力的线条，与木材的肌理相结合，呈现了厚重又沧桑的画面效果。

在黑白木版画中，黑色与白色可以产生非常强烈的对比效果。图形的疏密、聚散、肌理等都可以通过黑白两色表现出来。黑白木版画可以用点、线或面的疏密排布形成画面的层次感。在古元的作品《老炊事员的诞辰》（图7-1-25）中，蜡烛作为唯一的光源，四周都以白色表现，背光的部分以黑色表示，画面中的亮面和暗面都没有过多的刀刻痕迹，而灰面则呈现出形状各异的刀刻肌理，形成了层次丰富的灰色调。如作者在蜡烛附近刻以发散形态的线条，突出了蜡烛火苗的亮度与形状；人物的衣服上也都有疏密程度不同的刀刻线条，不仅表现出衣服的褶皱，还区分出不同人物衣服色彩的不同，形成了灰调中的明暗对比。

对于单色版画来讲，运用光影的形态、动静、虚实、轻重，改变人的视觉概念，创造一种新的空间意境，是尤为重要的。在版画中，刀刻产生出的线条可以给光影一种强度与动势效果，赵延年的作品《逐日》（图7-1-26）就利用这种刻印的线条展现了强烈的太阳光照射在夸父身上的场景，尖锐、锋利的光线以太阳为中心四散开来，甚至与夸父的身体融为一体，赋予画面一种激烈、动感的视觉效果，同时作者在表现太阳本体时采用了具有钝感的刀刻手法，使太阳圆润的球体形象与太阳光四散的射线形成鲜明的肌理对比。

套色木版画具有更加丰富的色彩和肌理效果，在版刻的痕迹、印刷的油墨上也有较大的拓展。日本浮世绘的版画作品中通常会保留木板的表面纹路肌理，使画面呈现出特有的视觉效果。浮世绘版画通常具有较强的装饰性，葛饰北斋（Katsushika Hokusai）的代表作《神奈川冲浪里》（图7-1-27）采用线形透视表现了波涛汹

图7-1-24 珂勒惠支《战争》系列作品

图7-1-25 古元《老炊事员的诞辰》

图7-1-26 赵延年《逐日》

图7-1-27 葛饰北斋《神奈川冲浪里》

涌如“鹰爪”的海浪和远处静谧的富士山之间一动一静的对比，巨浪掀起的浪花如同雪花一般落在富士山的山顶，在巨浪中穿行的三条渔船也给画面增添了一丝紧张气息。在画面中，每一种颜色都以色块的方式呈现，少有黑白单色版画那样明显的刀刻痕迹，大小面积的色块对画面内容进行了高度凝练，使画面呈现出扁平化的效果。

套色木版画还可以通过调整油墨的薄厚程度来丰富画面的层次感，通过对画面进行叠色处理，可以产生透色效果，天然的透色效果增加了色彩的调和感。这种处理方式能够将刻刀痕迹以更多元的效果表现出来，改变了以往油印套色木刻时有发生的色彩衔接突变生硬的弊端，使得画面整体色调更具有协调性。（图7-1-28）

图7-1-28 张远帆《中夜》

丝网版画是基于传统印刷工艺转换而来的版画形式，现代丝网版画主要依托于感光材料，制作流程非常严格和规范。丝网版画的制版过程在暗室中进行，待填充剂干后通过曝光、冲洗、晾干等不同环节，就可以印制出所绘的图形，每个环节都要精准细腻，否则就会影响成像质量和印痕效果。波普艺术中含有大量丝网印刷的作品，艺术家们通过复制、着色等多个环节将生活中的现成品重新引入艺术世界中，如安迪・沃霍尔（Andy Warhol）的作品《可口可乐》（图7-1-29），使用丝网印刷技术创作，可以将同一个作品完全相同的主题元素或不同色相的主题元素不断重复出现，机械化批量复制是丝网版画作品的一个显著特征。

图7-1-29 安迪·沃霍尔《可口可乐》

图7-1-30 赵子仪 闽南四果汤海报

版画锋利的刻痕与强烈的黑白关系等特点常被运用在图形创作中。以黑白版画风格进行的插画创作具有强烈的镜头语言和故事氛围，作者用流畅的线条和简洁的黑白色块渲染出内心的情绪，这种特殊的画面处理方式也让作品的视觉感受更加丰富。较黑白版画风格而言，彩色版画风格的图形具有更多的肌理和色彩，色调明快丰富（图7-1-30）。黑白与彩色版画风格都有各自独特的视觉语言，并没有好坏之分，设计者可以根据想要表达的主题特征来选择风格。

4. 数字图像：再现现实与扁平化

数字图像包括位图和矢量图两类，是将图像数字化的两种不同方式，各有优缺点。

位图也叫像素图、点阵图，它将一整张图片分解为一个个像素点，一个像素点是图像中最小的图像元素，每个像素点都被分配一个特定位置和颜色值。Photoshop等绘图软件一般都使用像素点来记录图像。与矢量图形相比，位图图像更容易模拟照片的真实效果。在处理位图图像时，被编辑的是像素而不是对象或形状，也就是说，编辑的是每一个像素点。位图图像与分辨率有关，即在一定面积的图像上包含有固定数量的像素点。同样面积上的像素点越多，图像就越清晰；反之，图像就越模糊。对位图放大或缩小会影响其清晰度。

矢量图也被称作向量图，是图形软件通过数学的向量方法进行计算得到的图形，它不用像素点来记录图像，而是由数学定义的直线和曲线以及线条间填充的色块构成。它与位图的分辨率没有任何关系，所以矢量图可以被任意放大缩小而不会影响其清晰度。利用计算机绘制的矢量图标，即使被放大缩小很多倍也依然很清晰，被广泛运用在各种场景。常常被用来绘制矢量图的软件是Illustrator、Coreldraw等。

对于需要任意放大和缩小以适应于不同应用场景的图例，比如标志图形，以矢量的方式进行表现比较合适；而对于力求模仿自然原型的真实感和细致入微的色彩还原图片，用位图方式进行处理和记录会更方便。所以这两种数字图像的处理方式并不存在绝对的优劣差异，而是要根据图形的特点和应用需求加以灵活运用。很多时候，设计师还会充分综合两种图像处理方法的优势以获得最佳视觉效果。（图7-1-31至图7-1-33）

图7-1-31 吕静琳 位图插画

图7-1-32 矢量插画

图7-1-33 矢量图标

第二节　变化空间维度

1. 雕塑

雕塑是一种古老的造型艺术形式，它包含了“雕刻”与“塑造”。

雕刻是指通过减除材料的方式来造型，如石刻、木刻这类工艺，通过去除掉原料中的某些部分来完成理想的形象。

雕刻作为传统艺术的一种，其所用到的材料十分丰富，有木雕、石雕、玉雕、砖雕、骨雕等。在这些雕刻作品中，我们可以找到很多有意义的图形语言。以在中国传统建筑中运用十分广泛的木雕为例，工匠们对建筑中的重要构件加以精心雕琢，使其既有支撑房屋的实际功用，又有装饰效果，一举多得，门、窗、屋檐、房梁、天井等是常见的雕刻装饰部位。明清时期徽州木雕艺术（图7-2-1）在图案风格和刀法上创造出了独特的风格，其借鉴了传统

图7-2-1 徽州民居木雕

绘画中的散点透视法，造型古朴生动、刀法浑厚、布局丰满、层层镂空、工艺精细，细微部如人物的须发、鸟雀的细羽、动物的毛皮、树皮的皱褶，均能通过刀刻和打磨表现得栩栩如生。木雕的主题通常是百姓喜闻乐见的民间故事、镇宅祥兽与吉祥纹样等，从总体构成上来说，具有“繁”和“密”的特征。虽然木雕上的图案在剪纸、年画这类二维平面的艺术形式中也常常出现，但与这些艺术作品不同的是，雕刻产生了更为丰富的空间效果，雕琢呈现出立体凹凸的形态，雕刻的物象与留白之间产生主与次、近与远、实与虚的空间关系，层次更为清晰（图7-2-2）。

世界各地均有伟大的雕塑艺术作品，但东西方雕塑艺术存在差异。位于希腊雅典卫城、始建于伯里克利时代的帕特农神庙，自18世纪启蒙时代以来，便被许多欧洲人视为西方文明的象征，帕特农神庙中有大量的石刻浮雕（图7-2-3），其中著名的希腊人大战半人马（图7-2-4）这场神话中的战役代表了现实中希腊与波斯间的战争。当时的人们用石刻图形记录故事，他们所想要传达的信息也通过艺术的方式，被有效地广泛传播了。西方雕刻在技法上有着精确的量化数据，是基于解剖学、物理学与黄金分割律等自然科学来进行的艺术创作，雕刻的人物更贴近真实人体的五官、肌肉、骨骼等形态，所刻画的事物是对真实事物的再现，是标准的现实翻版。与之相比，我国传统雕刻讲究精神的升华，是一种把握和感悟，常将人的形象比附自然的某些形态，比如柳叶眉、杏眼、樱桃小嘴等。

诸如泥塑佛像、青铜器、陶器等在制作过程中含有“塑造”的手法，中国传统雕塑作品的特征之一即“方中见圆，圆中带方”，以秦始皇陵兵马俑中的将军俑（图7-2-5）为例，将军俑高大的身形和挺胸伫立的姿势构

图7-2-2 太和殿内檐雕刻

图7-2-3 帕特农神庙石雕《命运三女神》

图7-2-4 希腊人大战半人马

图7-2-5 将军俑

成了一个四四方方的稳固造型，体现了“以方为型”的形制特点，虽然大体形状方正，但面与面的转折处处理得圆滑流畅，少有尖锐的转折线。整个陶俑造型孔武有力、浑厚稳重，陶泥坚硬的质地以及表面粗糙的纹理更加突现了将军久经沙场后的坚毅气概。

2. 建筑

建筑是复杂的综合体，是图形的一种立体化表现。建筑的本质是多元的，能够通过材料、外形、功能等反映出建筑本身的符号语言。文化、地域、气候等因素的不同造成了建筑造型的差异。典型的中国传统建筑群常以一条纵轴线为主，将主要建筑物布置在这条主轴线上，次要建筑分别布置在主要建筑的两侧，具有一定的秩序性和象征性。以故宫（图7-2-6）为例，通过一条中轴线向两侧序列分布，整个建筑群布局整齐庄严，体现出中央集权与等级制度的森严。在民居建筑中，轴线用以引导院落进制，为空间体量形成一种层次上的递进。老北京四合院住宅（图7-2-7）中通常有三进院落或是四进院落。每一进的院落构造都各不相同，轴线递进式的布局空间形成一种层次错落、起伏有致的建筑语言。每一进院落都严格按照宗族规范被划分出来，如北屋为尊、两厢次之、倒座为宾、杂屋为附等位置安排，是中国传统家庭人伦文化的缩影。

除了通过轴线来展现建筑空间层次，传统建筑中还通过分隔来划分空间，特别讲求移步换景。分隔并不是划分出几个完全隔绝的独立空间，而是在空间与空间之间建立视觉上的联系，产生空间景致的相互渗透。江南园林（图7-2-8）中善用这种渗透的设计来表现空间，如透过门洞、窗户、柱间等漏出另一空间中的景色，透过多重层

图7-2-6 故宫

图7-2-7 四合院全景图

图7-2-8 拙政园听雨轩的“渗透”之景

次观景，产生距离和空间上的远近交错。图形通过空间来展现出多层次效果，渗透体现了中国古典美学中以虚为美的原则，也展现了江南园林“曲径通幽”的特点。

不同建筑材料营造的空间感也有很大区别。土家族吊脚楼（图7-2-9）采用木质材料搭建而成，从外形上看，其正面呈现长方形结构，侧面呈现三角形结构，建筑的大体线条都由直线构成，交错的木条组成了房屋的骨架，形成一种线的错落美感。由于气候和生活习惯的原因，吊脚楼最具特色的结构就是其三段式的设计。一层和三层分别作为牲畜养殖区和粮食储存区，仅用木条作为支撑而不封闭，以确保空气流通不致储物发霉。二层作为起居室则用板壁将空间封闭起来，这种封闭与开放的对比形成空间上的实与虚。福建客家圆形土楼的建筑材料主要是夯土，由厚实的土墙围成一个巨大的环状空间。从外部看（图7-2-10），土楼的封闭性很强，仅有一个大门。这种敦实厚重的风格与吊脚楼形成鲜明的对比。从内部（图7-2-11）看，土楼中居住着一个家族的成员，人口众多。房间都沿着土墙来进行建造，每一层的大空间又被分成了密密麻麻的小空间，建筑的中央是一个大的中空空间，与四周形成疏密对比。层与层之间围绕着圆环形的土墙形成一条条纵深的线，整个建筑由点、线、面构成，颇具形式感。

从宏观上看，吊脚楼是长方形与三角形构建而成的立体图形，这两种几何体的组合形成了稳定的结构。其内部构架如房梁、立柱、枋等，它们之间的构成都是互为垂直相交的，构成了一个在三维空间上相互垂直的网络体系，正是这种错落、架空的建筑手法，赋予了方正严肃的几何图形一种生动活泼、刚柔并济的特质。相比之下，福建土楼则是曲线、圆形的立体表现，闭环图形使其拥有一个封闭的独立空间，体现出中国传统伦理中内外分明的观念。厚重的泥土与石块堆砌，给曲线结构增添了稳固和粗犷的视觉效果。

现代建筑材料中运用到了钢和水泥，新材料的出现使建筑的外形发生了巨大变化。中国国家体育场（图7-2-12）的外形为“鸟巢”，将看似无序的钢结构格架纳入严谨的受力体系中，无序的钢架结构交错形成了一个鸟巢的形状，这种看似杂乱无序的结构实际上由多个层次叠加构成，每个层次都分别有各自清晰的秩序和规则。国家体育场的外形来源于中国传统彩陶盆；纹样来源于民间缠线、冰花窗以及冰裂纹。建筑赋予这

图7-2-9 吊脚楼

图7-2-10 福建客家土楼外景

图7-2-11 福建客家土楼内景

图7-2-12 国家体育场

些纹样和图案体量感、起伏感和秩序感，空间元素的加入让图形语言变得更加丰富。

建筑中的空间关系也可以运用到图形设计中，将空间关系作为图形呈现的设计因素，设计师需要考虑当图形与三维空间结构相结合时，图形呈现的可能性。当空间结构相组合时，平面图形结构如何转换、制作，这都涉及难易程度的考量。此外，设计师不仅要考虑当观众处于特定视角时，在空间中出现的完整平面图形结构的视觉效果如何，还要考虑当观众视角转换时，空间中所产生的图形变化形状和三维空间的变化，也就是图形在空间中如何形成“移步换景”的效果。法国时尚品牌路易威登（Louis Vuitton）与日本艺术家草间弥生（Yayoi Kusama）联名的概念店（图7-2-13）在空间中设计了一系列大小不一的圆点图形，平面概念的圆点密集地存在于空间中，让观众产生沉浸感，随着视角和位置的变换，图形也会产生动感美。

图7-2-13 路易威登与草间弥生联名的概念店内景

第三节　制造肌理

肌理具有独特的审美价值，能以物质的自然面貌呈现，并在视觉和触觉中融入了人们心理上的感受和联想，表达出非笔墨所能企及的视觉效果，是许多艺术设计的灵感来源，甚至是主要的艺术表现手段。在我们日常生活的环境中就随处可见不同肌理的物品，钢筋、木头、水泥、羽毛、棉布、皮革、塑料等，它们的肌理都具有特定的审美价值，是很多艺术灵感的来源。肌理大致可以分为自然肌理和再造肌理。

1. 自然肌理

自然肌理是指自然界中各种物体的可见面，包括天然形成的，或经过各种物理化学反应而产生的物体表面质感的呈现。动物的皮肤、植物的脉络、水的波纹、岩石的表面、天空中的云彩、太空中的星云等都可以称为自然肌理，我们可以用摄影、拓印等方法来采集肌理，不同的采集方式也可以延伸出更丰富的肌理效果。

自然肌理（图7-3-1）是自然界中未经人为修饰的肌理，因此具有独特的张力，被艺术家们用来当作创

图7-3-1 自然肌理

作的原始灵感，澳大利亚艺术家梅勒迪斯（Meredith Woolnough）用刺绣模拟叶脉的肌理走向，制作出的图形兼具叶脉的自然生动和刺绣的独特质感（图7-3-2）。

2. 再造肌理

再造肌理是指材料通过表面面饰工艺所形成的肌理特征，是材料自身非固有的肌理形式，通常运用喷、涂、镀、贴面等手段，改变材料原有的表面材质特征，形成一种新的表面效果，如揉皱的纸、创意面料、镂空表面等。

再造肌理具有很丰富的表现力，在表现形式上也非常自由，如用喷溅的彩色颜料来表现点，用不同粗细的绳子表现线，用刮刀涂抹大片色彩来表现面……肌理赋予图形更多的情感和象征（图7-3-3、图7-3-4）。包豪斯的学生E. 霍斯班（E.

图7-3-2 梅勒迪斯（Meredith Woolnough）的叶脉刺绣作品

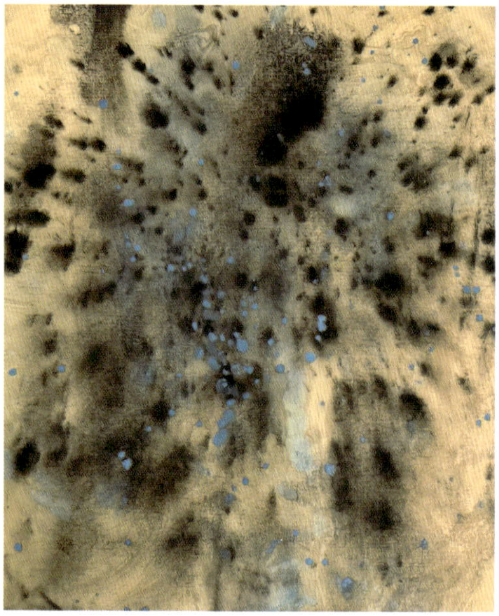

图7-3-3 水墨肌理

图7-3-4 张紫晨 综合材料

Hosban）曾创作了一组以方块图形为骨骼的手绘肌理（图7-3-5），一共以16块不同肌理的方块拼接成一张图。其中，毛发质感的肌理显得温暖、柔软，给单调的平面图形增添了立体感和触感，与此相比，线状的肌理更为平整，带有几何图形的构成感。

拼布工艺（图7-3-6）中也包含肌理的运用。拼布是将不同材质和花纹的布料按照一定的图案拼接起来，形成一种新的花纹。

在图形设计中，可以将不同肌理的材质进行拼贴处理，可以是倾向于理性表达的，也可以是倾向于感性化表现的，需根据设计过程中的状态进行判断调整。设计者可以根据材质的特性，将素材剪裁为不同形状的图形，再进行巧妙连接，在视觉上达到高度和谐；也可以不一味追求细腻与自然，并不模拟精准的具象物状，而是有意无意表露它的裁剪边缘，获得别具一格的效果。如图7-3-7中，作者利用不同材质形成的肌理拼贴出兵马俑的形态，这些材质各有不同的色彩、纹路，拼接在一起产生混搭、跳跃、富有趣味的视觉效果。

图7-3-5　E. 霍斯班 肌理作品

图7-3-6　袁叶子摄 拼布艺术（民族服饰博物馆/炎黄艺术馆 藏）

图7-3-7 张紫晨 拼贴兵马俑造型

第四节 添加装饰

“装饰”一词出自《后汉书·逸民传·梁鸿》:“（孟光）及嫁，始以装饰入门。七日而鸿不答。”在现代汉语词典中的解释为“在身体或物体的表面加些附属的东西，使其美观”。装饰的起源来自人类对实用和审美的双重需要，从一定程度上来说，装饰不仅起到修饰和美化作用，其本身就是文化的物化形态，是一种文化现象。装饰的形态和风格会受到时代和社会生产方式的制约，由此也产生了多样的形式。

1. 装饰的繁与简

装饰在发展过程中，形成了丰富的风格与种类，其中既有繁复的风格，也有简约的风格。繁复的装饰并非画面过度的饱满和滥用，其中的元素可以使局部繁复，在画面中有相应位置的留白，繁简对比可以达到视觉上的平衡。诸如西方的洛可可风格、巴洛克风格、装饰艺术风格以及中国古代皇家装饰纹样，都是典型的繁复装饰风格（图7-4-1）。在经过现代主义风格的影响后，繁复的装饰风格一度被人们所摒弃，但是近年来又被一些艺术家重新推崇，并产生了很多有趣的新图形。

简约装饰风格是一种高度概括的抽象表达形式。简约的装饰就是将画面中的元素缩减至更少，极简主义理论认为构成画面的元素越少越能够表达更多、更深的内在含义，也就是“少则多”。相比起繁复的装饰风格，简约风格更具有理性和抽象的设计思想（图7-4-2）。

图7-4-1 洛可可风格装饰

图7-4-2 极简风格装饰

2. 装饰画

装饰画的种类很多，其中黑白装饰画包含了丰富的图形语言。它运用点、线、面的表现方式，使画面黑白灰关系变化丰富，具有虚实层次，并且黑白效果对比强烈，带有强烈的抒情性和浪漫主义色彩。它的造型特征、组织结构、空间关系，都体现在了黑白构成的外在形式美。装饰性是黑白装饰画最典型最突出的特征。这一特征尤其体现在与单色版画的比较上。与单色版画相比，黑白装饰画更具有装饰性，它不注重寓意而更强调形式，尽管有时可以为了装饰而装饰，有时也体现一定的内容，但总体上来讲它主题性较弱，形式感更强（图7-4-3、图7-4-4）。

彩色装饰画更注重图形与色彩的结合，图形构成与色彩搭配是彩色装饰画的创作根本，色彩可以决定画

图7-4-3 吕静琳 黑白装饰画

图7-4-4 屈郑茹 黑白装饰画

面的风格基调，相比起黑白装饰画更注重情感倾向的表达，彩色装饰画能够使用色彩表达情绪的特性，激发观众与设计者之间的情感共鸣（图7-4-5、图7-4-6）。

图7-4-5 李耀耀
彩色装饰画

图7-4-6 李舒雯
彩色装饰画

3. 公共艺术

公共艺术广泛而有机的综合性使得它吸取了语言艺术、实用艺术、造型艺术等多个方面的内容，并加以综合运用。在城市空间中，公共艺术可用来美化环境、装饰空间。主要表现为具有明显艺术特质的、可供民众自由观赏且容易接近、能以不同方式感知甚至参与其间的、体现城市文化与精神的各类艺术作品。它包括城市雕塑、壁画、装置、水体、城市公共设施、建筑体表的装饰、标志物以及园林艺术等。在城市空间中，公共艺术能够根据其所处的环境做出恰如其分的适应与融合。这种城市空间的装饰艺术具有象征作用，能够使观众产生由此及彼的联想，通过艺术装置来与城市或地域产生联系；同时它还具有互动作用，公众的参与可以为静态的艺术装置注入活力。

捷克设计师大卫・塞尔尼（David Cerny）在布拉格市中心的乐购百货后面放置了一座巨大的卡夫卡头部雕塑（图7-4-7）。这座10米多高的头部雕像由42块移动的镀铬板组成，板面可以同向和反向移动。整个卡夫卡雕像被分割成42块平面图形，这42块平面图形又通过不同的运动方式组成不同的视觉效果。

日本艺术家盐田千春（Chiharu Shiota）的装置艺术作品《我希望》（图7-4-8）用红线编织着一封封写着愿望的信件，形成一个巨大的能量场域，红线连接着的信件代表了人们的情绪与诉求，设计师用线将人与人之间的情绪进行对话，红线垂直落下，形成静谧而又有秩序的空间，让不同的个体和文化在同一物理空间相互交流与融合。

添加装饰在当代图形设计中的发展除了具有审美的时代特征外，还能逐渐向具有传播性、意义性的图形领域发展，这一转型也造成了与传统装饰图案的功能性差异、形式上的差异以及呈现方式上的差异。因此，如何提高信息的识别性，能够快速、清晰地传达已经成为装饰图形在功能上不可忽视的一点。在图形设计中，经过重复的图形元素会产生具有装饰性的风格（图7-4-9）。在图形设计中添加装饰常被作为传播符号运用于品牌形象中，不仅具有审美价值，还具有一定的实用性。

图7-4-7　卡夫卡雕像

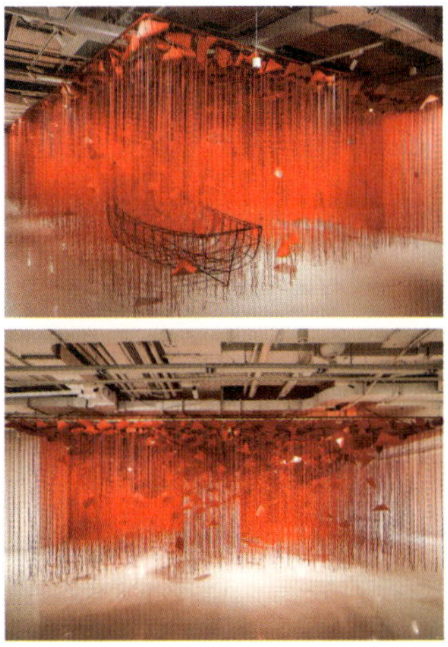

图7-4-8　盐田千春《我希望》

图7-4-9　村上隆作品

8 CHAPTER

第八章

图形语言的拓展和应用

图形语言在视觉传达设计领域中应用广泛，包括标志设计、包装设计、书籍装帧设计等都与图形语言息息相关，但对于图形语言的学习和思考不应仅停留在视觉传达专业范畴内。在其他设计专业，图形语言同样有着举足轻重的作用。本章在图形语言的拓展应用方面加入时间和空间的考量，通过两个小节阐述图形语言从视觉传达专业拓展到产品设计、环境设计、服装设计、数字媒体设计等领域的应用状况，帮助同学们拓展眼界，厘清图形语言的应用领域。

第一节　图形语言在视觉传达设计中的应用

1. 标志设计

标志作为一种大众传播符号，具有现代符号学的表现性和感知性，它以简练的形象表达一定的含义，传达明确而特定的信息。作为一种象征符号，将想要传达的信息转换成图形语言，让深奥思想和抽象概念得以直观表达。进行标志设计时需要了解企业文化或产品品牌特色，才能设计出富有个性和文化底蕴的识别性视觉符号，传递企业文化、经营理念和战略目标。

（1）符号化

标志是一种符号化的图形语言，能够作为某一品牌、组织或事物的代表，并且将品牌、组织或事物的基本信息与精神传递给大众。对于企业来说，使用标志可以突出自己的经营特色；对于消费者来说，可用标志来识别和区分不同种类的商品。标志是模拟对象的符号化呈现，与模拟对象有形态或意义上的相似之处，如2022年卡塔尔世界杯标志的衍生吉祥物Laeeb（图8-1-1），它是对阿拉伯传统男性头饰造型进行的拟人化处理，与卡塔尔的国家文化、民族特征产生紧密联系。对于观者来说，Laeeb是对卡塔尔形象的一种符号化表达，它是一个国家向世人展现的“关键词”。这种符号化的图形语言往往能够形成广泛的传播，在信息传达的过程中跨越语言和文化的障碍，达到清晰易懂的效果。

符号化表达的标志包括具象图形标志、抽象图形标志、文字图形标志及综合图形标志等几种类型。

具象图形标志是通过对指代物体外形的高度提炼，提取指代物体的显著特征并进行强化，删减其余的结构和细节而成的。具象图形标志的特点是通俗易懂、易于识别。我国著名设计师陈幼坚为国家大剧院设计的标志（图8-1-2）就是提取了国家大剧院建筑的外观特征并进行符号化的处理，这个标志将国家大剧院半椭圆形的外轮廓、渐开式的玻璃幕墙以及湖中的倒影形象地概括了出来，形成了简洁又具有高度识别性的标志图形。

图8-1-1 卡塔尔世界杯吉祥物Laeeb

图8-1-2 国家大剧院标志

图8-1-3 禁止停车标志

图8-1-4 禁止驶入标志

抽象图形标志由几何图形或抽象符号构成，它与其所指代的物体之间并没有外观或特征上的直接联系。设计者借助点、线、面等图形元素将物体特征抽象化、象征化，创作出的抽象标志往往具有暗示含义或深刻内涵，能够表达出指代物体所蕴含的深意。交通标志中的“禁止停车”（图8-1-3）和“禁止驶入”（图8-1-4）是典型的抽象标志，由简单的几何图形构成，没有学习过交通知识的人有可能无法理解。

文字图形标志是将文字作为一种视觉符号进行设计，事实上在古代就有利用文字符号进行设计的例子，如“双喜”“百福”等，在保留字体视觉特征的基础上进行艺术加工，使文字变成具有特殊意义的图形符号。汉字作为象形文字本身就具有一定的象征意义，由汉字构成的标志也具有民族特色和传统文化内涵。如鲁迅设计的北京大学校徽（图8-1-5），该标志由“北大”两个篆字构成，具有浓厚的中国传统印章风格。鲁迅在文字书写和排列上都进行了主观改造，使“北”字呈现为两个背靠背的侧面人像，“大”字是一个站立的正面人像，正好寓意北京大学“以人为本”的教育理念。

除了具象图形标志、抽象图形标志、文字图形标志（图8-1-6）外，囊括多种图形元素的综合性标志也是常见的符号化标志。著名设计师靳埭强设计的中国银行标志（图8-1-7）中，以古代铜钱和“中”字结合为造型主体，外轮廓为一圆，中间方孔，上下的垂直线构成“中”字，汉字与古钱币的结合颇有一种双关的意味。寓意天圆地方，经济为本，给人的感觉是简洁、稳重、易识别，寓意深刻。张雪父设计的“永久”自行车标志（图8-1-8）中，以同构手法将汉字“永久”构建成一个自行车象形体，富有品牌特征以及较强的形式感。

图8-1-5 北京大学校徽

图8-1-6 可口可乐标志

图8-1-7 中国银行标志

图8-1-8“永久”牌自行车标志

（2）象征性

标志所用的图形，与它所代表的事物之间有一种象征与被象征的关系。象征与被象征之间本没有必然的联系，但设计师通过寻找被象征物的本质特征并加以描绘，使观众产生由此及彼的联想，从而领悟到标志的图形语言。标志的意义受到历史、地域、文化等因素的影响（图8-1-9）。

标志的象征性通常以暗喻、联想、对比等方法表现出来，表现对象既可以是具体的形态，也可以是抽象的概念或情感。在亚马逊公司的标志（图8-1-10）中，字母“a”“z”与箭头构成笑脸图案，箭头由“a”指向“z”代表了其囊括所有字母，暗喻亚马逊能够向全球各地的消费者递送产品和服务。

图8-1-9 四神瓦当

图8-1-10 亚马逊公司标志

（3）极简性

标志的重要特点在于以小见大，将一个品牌、组织或事物中复杂的内容和深刻的内涵用简单的图形表达出来。标志的极简性表现为图形的概括性和鲜明的外形特征。在进行标志创作时，需要对指代物体的细节进行简化，并用图形进行高度概括。WWF（世界自然基金会）的标志（图8-1-11）经过了数次更改，在早期的标志中，熊猫的毛发肌理、线条轮廓都被表现了出来，而经过数次修改后的标志只保留了黑色图形部分，虽没有明确的外轮廓，但熊猫特征的识别性也没有因为简化而受到影响。

2. 包装设计

包装的目的是达到产品造型的美观和信息传达的准确。优秀的包装可以利用图形语言在琳琅满目的货架中或网站页面上引起消费者对产品的关注，并激发消费者的购买欲望。设计师通常从产品中提炼出图形符号，并利用这些图形符号表达自身的生活状态和思想情感。通过这种方式，图形符号可以跨越地域、文化、语言等障碍，与消费者进行沟通交流。产品包装中的文字、图案、色彩、材质等各要素之间的相互作用、相互配合，进一步凸显产品的优势和特点，吸引消费者前来购买。

（1）包装图形与结构

包装图形在设计与运用时并非只是图形元素的简单叠加，还需要关注包装整体结构，从整体风格的角度进行设计，要考虑包装的立体性、空间性与层次感，图形的作用在于突出包装的视觉导向，使包装设计达到整体的和谐统一。根据图形元素的内容和传达的信息，可以使受众产生多角度的联想。一是听觉联想，依托各种视觉元素的搭配组合，调动人们的视觉感官，进一步产生听觉联想及韵律感知。比如，基于形态产生的听觉联想，可让人们感受到相关“有声”的产品（图8-1-12）。二是嗅觉联想。依托视觉感官调动，让人们对各种气味产生联想，进而实现嗅觉与视觉的有效结

图8-1-11 WWF（世界自然基金会）标志变化过程

图8-1-12 音乐主题咖啡包装

合，实现受众与产品的有效交互，加深用户产品体验（图8-1-13）。三是触觉联想。人们凭借自身的知觉系统，通过触摸等方式感知到不同材料的质感与肌理，结合真实的生活体验产生综合印象，在生理、心理的相互作用下形成不同的情感体验。另外，通过对现实生活中既有的材料材质肌理进行模仿，可让人们形成触觉上的感官体验，进一步实现对包装及产品的认知辨别（图8-1-14）。四是味觉联想。包装设计通过视觉呈现逼真的仿生形态，依托人们的认知习惯，引导受众与其相关事物进行联想。在此过程中，仿生的设计手法讲究不违背客观事物结构，保持原本造型的自然性、趣味性，调动人们的味觉联想，实现与受众的有效交互（图8-1-15）。

图8-1-13 “嗅觉日记”香水包装

图8-1-14 Ismail Abu Elkheer 饼干包装

图8-1-15 深泽直人 水果包装

（2）包装图形与文字

包装图形可以与说明文字配合或者直接用文字图形化的方式进行表现。包装中的文字元素主要是对产品的信息进行展示，如产品名称、类别、成分、广告语、使用方法等。图形能够对文字信息进行形象的解释以及意义的延伸，在橙汁包装上印有橙子图形，能够使消费者快速获取并理解包装信息，而同一品牌的不同产品，例如同是果汁，橙子、葡萄、苹果等不同图形可以帮助顾客快速区分商品种类，将商品信息进行充分表达。此外，经过艺术化表现的文字同样也可以作为包装中的图形使用。独特新颖的艺术字体能够在宣传品牌的同时，将产品形象刻印在消费者的脑海中。在包装中将图形与文字进行艺术组合与加工，能够形成更为整体的视觉效果。艺术字体能够融入图形中，并且与图形起到相辅相成的作用（图8-1-16）。

（3）包装图形的系列化表现

系列化的包装设计是指同一商标下商品包装中的造型、图形、色彩、文字等要素在整体上相互配合，在细节上规律变化的共同性设计。不同类型的产品可以选择不同风格的图形，同一系列产品可以选择同风格不同内容的图形。图形语言的多样性为产品包装提供更具吸引力的艺术魅力，在系列化的包装中，统一形式的图形，因为各不相同的内容，在传递产品信息的同时，更容易唤起消费者在认知上的情感共鸣（图8-1-17、图8-1-18）。

图8-1-16　Ivy珍藏复古切达干酪包装
（2022年Pentawards铂金奖）

图8-1-17　Wonderlab奇妙实验室代餐奶昔包装设计
（2022德国IF设计奖包装类获奖作品）

图8-1-18　凡物茶局包装设计
（2021德国IF设计奖包装类获奖作品）

3. 书籍装帧设计

书籍装帧设计是将书籍从平面图文转向立体化的一种包装形式，通过装帧设计可以激发读者的阅读兴趣，还可以更准确地传达书籍内容。将图形语言应用到书籍装帧设计中，与文字、色彩、版式等要素结合，能更好地传达书籍的艺术价值，体现文化内涵。随着多媒体、电子出版物的普及，人们的阅读方式逐渐改变，传统书籍受到了前所未有的挑战与冲击。读者开始注重书籍阅读的整体体验与感受，对图形语言与文字信息的要求也越来越高。

（1）封面设计中的图形语言

封面是书籍最先展现给读者的部分，是书籍装帧中的重要组成部分。书籍封面的作用不仅是保护、美化书籍，更重要的是传达书籍内涵信息、承载书籍形象。优秀的书籍封面设计不仅能够引起读者的共鸣，还可以激发读者的购书、读书兴趣。在书籍封面中，图形和文字是重要的元素。图形设计在塑造书籍形态方面起着关键作用，它能够决定书籍的内在风格。书籍封面中的图形语言是著者与读者交流的桥梁。封面图形通常与书籍内容或标题有关，为了保持书籍内容的神秘感，封面图形并不会直观地展现出书中的故事内容，而是表现为有象征、隐喻意义的图形，蕴含着有趣味的提示，使读者产生无限遐想（图8-1-19、图8-1-20）。

（2）插图设计中的图形语言

书籍中的插图是对文字内容的具象化解释，用生动的形象表现文字描绘的内容或难

图8-1-19《白夜行》书籍封面

图8-1-20《追风筝的人》书籍封面

以理解的概念。在古时的宗教艺术中，就有借助插图来辅助文字内容的情况。唐代《金刚经》中的插图（图8-1-21）就是对佛教故事的形象再现，还将绘画艺术的情感也融入其中。插图可以帮助不识字的百姓理解《金刚经》中的故事，展现出图形语言的传播力。《天工开物》中的插图（图8-1-22）生动示范了文中描述的各项技术，作为一本科学技术类著作，插图的表达需要严谨准确，与文字结合起来更有助于读者理解。

插图作为装帧的一部分，不能离开书籍而独立存在，因此插图的主题、色彩、风格以及尺寸大小、排版等都与书籍整体的设计风格有密切关系。插图也具有一定的独立性，倾注了创作者对作品的理解，它既是作家文字的形象体现，也是插画家对书籍的二次创作。插图在书籍中的应用往往也具有整体性的特征，设计者通常将某一风格的插图元素贯穿书籍始终，以达到书籍风格的统一性（图8-1-23）。

（3）装帧设计中的图形语言

书籍装帧包含了封面、订口、扉页、正文、函套等多个部分，构成书籍的任何元素都可以成为立意点和创新点。在装帧设计的过程中要立足于整体。优秀的图形语言

图8-1-21《金刚经》插图

图8-1-22《天工开物》插图

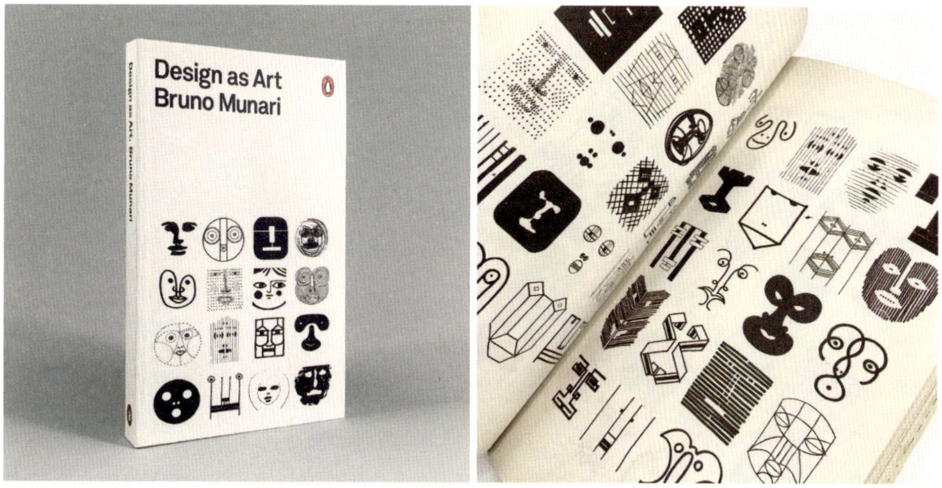

图8-1-23 Bruno Munari《Design as Art》

可以统一书籍的形式与风格，全方位体现书籍设计的整体美。纸艺大师罗伯特·萨布达（Robert Sabuda）创作的《爱丽斯梦游仙境》立体书（图8-1-24），将童话故事中的人物、动物、植物等进行巧妙剪裁，形成立体效果，使读者如同身临其境。也有书籍将文字与图形紧密配合，二者共同构成富有创意的装帧效果。Typographic Links（图8-1-25）是一本手工缝制的书，它在排版中影射有趣的连接。红色线条用作三维“超链接”的概念以引导读者浏览页面。《虫子旁》（图8-1-26）一书为文字配以手稿和图片，向读者展现了小虫子世界里的大故事，整本书注重图形叙事，图形语言所占的分量超越了文字。这些形式多样的装帧方式都体现出书本独特的个性。

图8-1-24 罗伯特·萨布达《爱丽丝梦游仙境》立体书

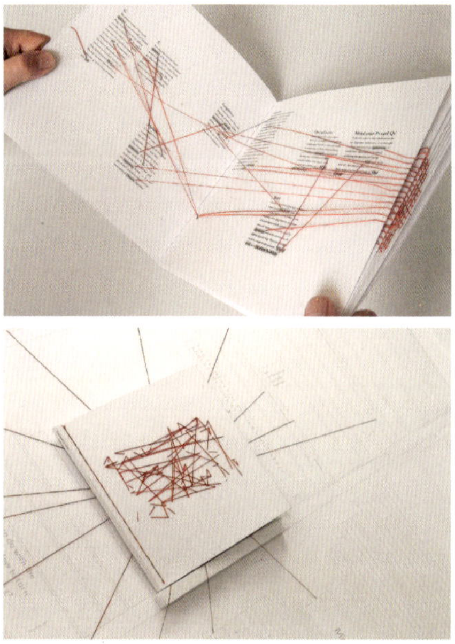

图8-1-25 Typographic Links手工书

图8-1-26《虫子旁》书籍装帧设计

4. 导视系统设计

导视系统是指一个区域中完整的信息指示系统，导视系统中的图形符号有着不可替代的作用，好的图形符号设计具有较强的视觉可读性，可以提供高效便捷的指引，更易于被人们接受且喜爱。导视系统中图形符号个性化的设计，将会提升用户的体验感。图形符号的设计要结合地域、文化、环境等因素，注重个性化发展，避免循规蹈矩。

在安全警示、交通、无障碍设施等类型的标识中，图形符号形成了一些国际性的统一标志，以达到标准化的识别。在保持图形符号易于识别、区分和记忆的同时，图形符号的统一连贯性也是强化人们识别空间方向感和美化空间环境所要考虑的一个重要设计原则。同时，导视系统的标识图形与色彩不仅要起到传达信息的作用，同时还应该与周边的空间环境相协调。导视系统图形语言的最大特点在于以下几个方面。

一是图案清晰无歧义，风格统一、标准化。在国家标准的公共信息图形符号中，符号元素的尺寸、线条粗细、使用标准等都具有严格规范，形成的一系列图形符号具有统一的风格以及标准化的使用规范（图8-1-27）。

二是图形简洁，容易理解和记忆。导视系统中的图形设计常以最简单的图形表达最准确的内容。

三是特定环境的导视系统设计与其所在的环境相协调。如日本著名设计师原研哉（Kenya Hara）为梅田

图8-1-27 公共信息图形符号中的部分图形

图8-1-28 梅田医院导视系统设计

图8-1-29 西安地铁部分站点标识

医院设计的导视系统，采用了白色棉布的材质，既能体现医院整洁的卫生状况，又能以棉布柔软亲肤的材质来拉近医生与患者之间的关系，缓解患者就医时的紧张情绪（图8-1-28）。对于站名的图形符号，可以选取沿线历史遗迹或地标性的现代建筑作为设计元素。如西安地铁部分站点的标识，以文化古迹的建筑特征为原型进行设计，并结合了沿线众多历史文化遗迹，具有浓厚的地方特色（图8-1-29）。

5. 海报设计

（1）商业海报的图形语言

海报是一种较为直接的视觉表现形式。在当今信息高度发达的社会，各种新事物每天都在冲击着人们的视觉，相比于枯燥、说教式的海报，新颖的、跳脱思维框架的图形语言更能够在第一时间内吸引人们的目光，达到宣传的目的。优秀海报作品所呈现的新颖独特的创意和表现形式，往往带给人鲜明的启示并使人会心一笑。而这些优秀的海报十分注重图形语言的趣味性，是海报设计成功的一个关键要素。

①产品推广类

商业海报是商品推销的重要手段，对品牌和企业有着良好的宣传作用。在商业海报中巧妙运用图形语言，可以有效地推销商品，提升品牌知名度，塑造企业形象。商业海报的目的是引起人们的好奇心，并增加购买欲望，因此具有强大冲击力与感染力的图形更能吸引人们的关注。设计师在商业海报的设计过程中，会依照商品的格调和受众对象，运用各种艺术手段，把多种图形语言融入商业海报的整体设计中，总体设计依然是围绕商品本身。商业海报的图形语言经常根据市场的变化进行调整，图形语言时尚化是商业海报吸引消费者的一大特点。中国早期的商业海报月份牌（图8-1-30）选用美女形象作为题材，她们身着各式洋装、旗袍，在当时能够引领时尚，引导消费。月份牌的装饰图形也极具特色，一方面大量运用传统装饰图形，另一方面则运用半抽象几何图形作为纹样的细节处理，给人以“现代”的感觉。因此月份牌广告在当时能够成为人们追捧的对象，在广告市场占有较大的份额。

当代商业海报的图形语言除了表现在创意性上，还表现为丰富的形式感。其载体丰富多样，在公车、电梯、电子屏幕、地铁站等都能看到各式各样的商业海报，因此海报图形需根据环境的特点做出相应的设计。如图8-1-31中电梯门的开合形成了生发广告的戏剧性效果，两张海报的连接加上电梯门本身的动作形成极具创意的动态语言。

图8-1-30 杭穉英 月份牌

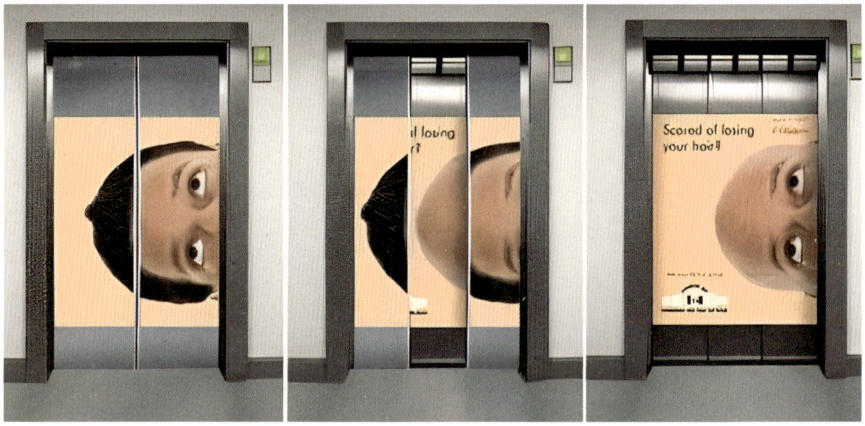

图8-1-31 电梯中的生发广告

②形象类

商业海报是产品推销的重要手段，好的商业海报能够直接传达或反映出企业所要表达的思想，经典的商业海报还可以成为企业的象征。当代许多知名大企业都十分注重企业形象的战略设计，在实施企业形象战略设计的过程中，把企业名称和商业海报的设计放在一起统筹设计，这种现象已经成为一种趋势。企业成功推广的经典海报，不仅可以树立企业形象，成为企业宣传的有力武器，还可以提高产品的销量和市场占有率，使企业拥有更加广阔的发展前景（图8-1-32）。经典的商业海报能凸显企业的理念，代表着被人们普遍承认的商业氛围，成为企业的象征。

③影视类

电影海报是对电影进行宣传的工具，当今世界文化交流日益频繁，电影海报在确保商业性宣传作用的同时，更加关注文化语言的传播与交融，突出电影主题的表达。图形在电影海报设计中充当着情感认知和视觉隐喻的作用。图形形态、色彩肌理以及构图视角等方面影响着观众对画面的感知情绪，同时也暗示着电影的情感基调。如上海国际电影节为修复版《大闹天宫》制作的海报（图8-1-33）中，两只小猴子像京剧拉幕一样，拉开淡蓝色的水帘，露出孙悟空的脸。整个海报的色彩轻快动人，仿佛回到了充满童趣的儿时，画面的设计也反映出电影轻松动人的故事情节。与《大闹天宫》海报相对比，《沉默的羔羊》电影海报（图8-1-34）

图8-1-32 大疆品牌海报

图8-1-33 第22届上海国际电影节《大闹天宫》海报

图8-1-34《沉默的羔羊》电影海报

就使用了完全不同的图形语言。海报的意象借鉴了西班牙超现实主义艺术家萨尔瓦多·达利（Salvador Dali）的作品风格，画面中被蝴蝶封住嘴的女性及蝴蝶头部的骷髅花纹隐喻着悬疑、恐怖以及荒诞的故事，高对比度的色彩与大面积的阴影奠定了电影沉重的基调。

（2）公益海报的图形语言

①社会类

公益海报向社会公众传播精神文明，也在一定程度上引导社会舆论。主要包括：发扬传统美德和社会风尚、提高人口素质、保护环境、尊重生命安全以及开展教育与科技宣传等主题。公益海报的图形语言是贴近公众与现实生活的，需要运用通俗化和生活化的公共符号进行创作。香港著名设计家靳埭强先生以融入中国传统水墨的设计风格而著称，其创作的《爱护自然》（图8-1-35）公益海报，正是借用石块、尺子、砚台、毛笔等中国传统器物为主要创作要素，以承载东方神韵的水墨为表现形式，将传统文化的灵性发挥得淋漓尽致。他的海报蕴涵着中国文化典雅、神秘、极致的气度，强烈地震撼着公众的心灵。

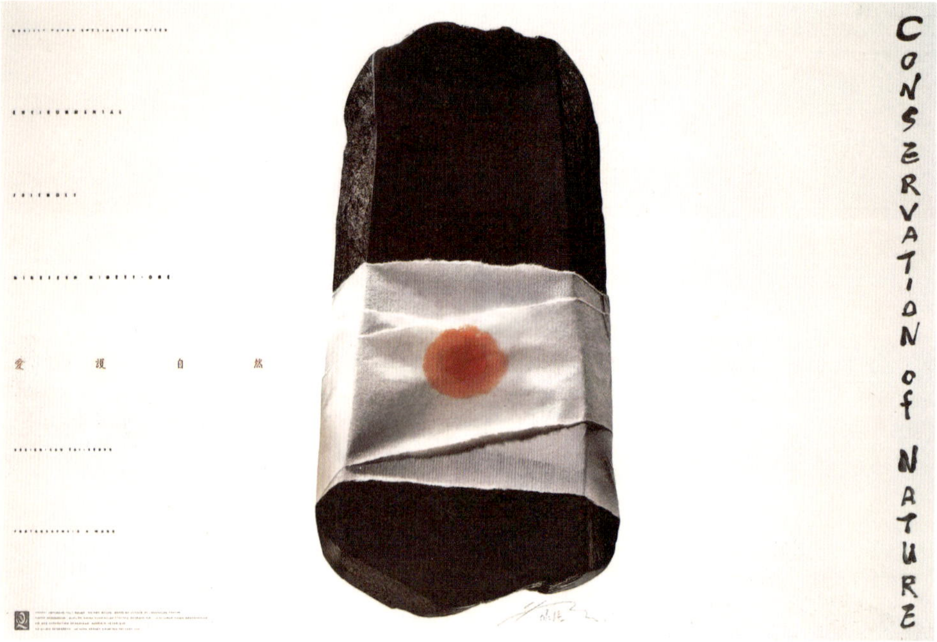

图8-1-35 靳埭强《爱护自然》

②文化类

文化类海报具有区别于其他类型海报的特有属性：一是具有广阔的创作空间，可以使设计师尽情地自由发挥创意和思想。文化类海报的创作实践一般较少受到市场的约束，设计工作者可以灵活运用图形语言和文字语言表达自己的观点，因此，相较于其他海报，文化类海报更接近“艺术”。二是文化类海报的视觉语言更加大胆和前卫，设计工作者将当下新潮元素和时尚语言进行创意化设计，丰富了文化类海报风格语言的表现形式。三是文化性主题思想的本土化传达，文化类海报具有独特的文化特质和民族特质（图8-1-36）。四是文化类海报具有较强价值观的渗透力，通过传达积极正向的思想观念，对社会群体产生潜移默化的影响，有利于形成良好的社会风尚。

图8-1-36 吴亮《二十四节气海报》

第二节 图形语言在其他设计专业领域的应用

1. 产品设计

产品设计是平面图形语言的立体化表现，在产品的造型设计中赋予图形厚度、重量和体积感，形成具有产品造型语义的立体图形。有的产品造型直接运用几何形，有的则是各种立体图形经过叠加、删减、附加、修整等过程，成为最终的产品形态。不同的集合体具有不同的造型语言：平面立体在视觉上具有坚固、刚劲、简洁、挺拔、明快、有力、稳定的造型性格，曲面立体在造型上则表现出圆滑、柔和、饱满、流畅、优雅的造型性格（图8-2-1）。流线型图形具有光滑、流动、高速的视觉语言，其外形线条流畅，表面光滑像水滴一般，因此常被用于汽车、高铁、飞机等高速交通工具的造型设计中（图8-2-2）。在流线型产品中，造型的形态与功能相辅相成，这种造

图8-2-1 平面立体产品 瓦西里椅子

图8-2-2 流线型设计 中国高铁

型保证了物体前进时受到较小的阻力，达到了美观与实用相结合的作用。

除了能够表达产品的造型性格，图形语言还可以给产品附加文化内涵。伴随着时代的发展，现代产品设计也在不断进步与创新，这不仅需要对现有的产品进行改进和优化，呈现出更好的设计产品，还要结合社会发展与人类社会进步的要求，不断推出各类具有创新特性的产品。近年来，文创产品设计逐渐受到人们关注，各式各样具有地域特色的文创产品层出不穷（图8-2-3、图8-2-4）。文创产品设计与传统意义上的“产品设计”有很大差别，它能将经过长期积淀的优秀传统文化与创造性方法结合，利用原生文化的美学特征、人文精神、文化元素，结合对文化的理解和诠释，将其与产品相结合，最终形成文化创意产品，以此作为文化与大众之间交流的桥梁。苏州博物馆设计的文创产品“衡山杯”（图8-2-5），杯底有“衡山”字样的朱文印图形，整个杯身上圆下方，如同一枚印鉴。图形语言赋予产品“文脉”的内涵，将产品的意义与博物馆藏文物进行连接，形成文化的传承。

图8-2-3 故宫博物院文创牡丹口红

图8-2-4《浪·舟》海上丝绸之路概念茶具套装

图8-2-5 苏州博物馆文创 衡山杯

2. 环境设计

在环境设计中，空间作为媒介将平面图形融入环境，增加人们的视觉与身体体验。环境设计将图形置于空间与尺度的范围内进行设计，图形语言不仅可以在空间中起到指示、寓意、象征、装饰的作用，还可以改变人们心理对环境的认知。

环境设计中的图形语言，主要是结合空间划分、空间流动等空间尺度来进行的。环境的空间尺度具有一定的审美特征，人对于环境的感知首先来源于空间的构成和层次变化。在视觉上，人们眼睛所能看到的范围构成了一幅具有空间概念的图形。在自然的空间尺度中，环境中的各要素都表现出其本身的尺寸，使身处其中的人能正确地度量出自身的存在。在自然的尺度中，每一件物品都放置得恰如其分，不过分夸大或缩小。家居住宅设计便采用了这种自然尺度，基于使用者的日常生活方式进行空间划分（图8-2-6）。因此住户可在自然空间尺度中感受到温馨、和谐、怡人的气氛。超人的尺度映射是指人们面对某种具有超常尺寸物体而产生的一种仰慕的心理状态。具有超人尺度的空间是人们对于超越个人或超越时代局限的一种向往和憧憬。超人的空间尺度能够引起人们的想象，这类空间中的物品通常比正常的尺寸要大一些，如高耸的灯柱、巨大的窗户等，在超人尺度空间中，可以令人产生宏大、开阔的感觉（图8-2-7）。亲切的尺度通常会出现在一些需要产生凝聚力或亲和力的空间中，例如餐厅、茶社、休息区等。尺度的亲切感可以利用超尺寸的装饰与简洁的安排而获得，或者将大面积和大型构件细分成更小的部分，也可以取得预期的效果。

环境设计中色彩的应用也是影响空间感受的重要因素。色彩能影响人在所处环境中的舒适程度和愉悦程度，也能影响人的工作效率和生活质量。从色彩心理学的角度来说，不同的色彩对人们心理产生不同影响，

图8-2-6 家居环境中的空间尺度

图8-2-7 大剧院内部空间尺度

从而带来不同的情绪变化。在快餐店中，鲜艳明快的色彩总是能激发顾客的食欲，给人带来温馨的感觉（图8-2-8），反之，在餐厅中布置蓝色、紫灰色的色彩会让人失去胃口。在书店、咖啡厅这类需要安静的地方，则会运用原木色、咖啡色这样沉稳、原生态的色彩，能够带给消费者温馨、宁静的感觉（图8-2-9）。

3. 服装设计

图形语言为服装造型提供了不断创新的思路与手段，将图形元素以不同的纺织材料来表现，是图形语言在肌理与造型方面的拓展。图形是服装上的一种基本装饰元素，不仅代表服装本身的特征，还反映了人们的审美需求和心理特点。将不同形式的图形符号用于服装设计中会使作品具有更强烈的时代美感。服装上的图形是一种装饰符号，起到装饰的作用，同时也可以传递相应的信息，表达创作者的意图，增加服装的内涵。在服装设计中，图形创意的应用不仅要考虑服装的材质问题，还要考虑图形创意的立体视觉效果。因此，在服装设计中应用图形创意除了要考虑色彩、风格以及造型等问题，还要重视立体空间的设计。

服装设计中的图形语言，主要是通过服装材质肌理、印花纹样和服装结构来体现的。服装材质肌理是构成服装设计风格化的重要因素之一。服装材料的种类有很多，包括纤维制品、皮革制品以及其他材料。棉质面料柔软，表面有一层细细的绒毛，给人一种温柔、细腻、亲肤的感觉；麻编面料表面粗糙，编织的纹路粗犷，带来原生态、刚性的视觉效果；皮革面料有一种与生俱来的自然纹路，色彩沉稳厚重，雍容华贵。三宅

图8-2-8 快餐店空间色彩

图8-2-9 西涛设计工作室 乡村胶囊旅社书店

一生（Issey Miyake）设计的“Pleats Please”品牌（图8-2-10），把涤纶面料放到机器上压褶，得到的面料表面有丰富的如线条般的褶皱肌理，这种褶皱让衣服富有弹性，款型和尺寸的自由度很大，在视觉上体现出细腻、优雅之感。

印花纹样赋予了服装图形与色彩语言，不同的印染工艺、印染材料在布料上呈现出不同的视觉效果。手工印染的工艺在民间有悠久的历史，具有淳朴、自然的特征。以扎染为例，将织品用缝、扎等方法加以绞结，保留其底色，染色后解去结子，即可呈现几何形的花纹。因染料和捆扎手法的不同，这些图案还会留下丰富的肌理痕迹，形成具象与抽象相结合的图形语言（图8-2-11）。现代新型印花技术结合了传统工艺与机器工艺，让印花图形在衣物上呈现出更多元的效果。

服装结构造型运用了类似于雕塑在三维空间中的构成原理，主要表现为服装在三维空间中的整体轮廓和外貌特征。服装结构也是图形立体化的一种表现，在设计时将图形融入空间中，造型的细微不同也会使服装的效果差异巨大。根据服装造型的轮廓特征，可以将其分为字母型和物态型。如常见的A字裙，上小下大的三角特征具有活泼、青春的造型语言；H型的服装则是模拟了字母“H”的特征，形成类似直筒的外形，H型的服装具有流畅、简洁的线条，给人休闲、舒适的感受。服装造型的原型也可以来自自然界，模拟自然界中物体的外形轮廓，赋予服装丰富的造型语言（图8-2-12、图8-2-13）。

图8-2-10 三宅一生“Pleats Please”系列服装

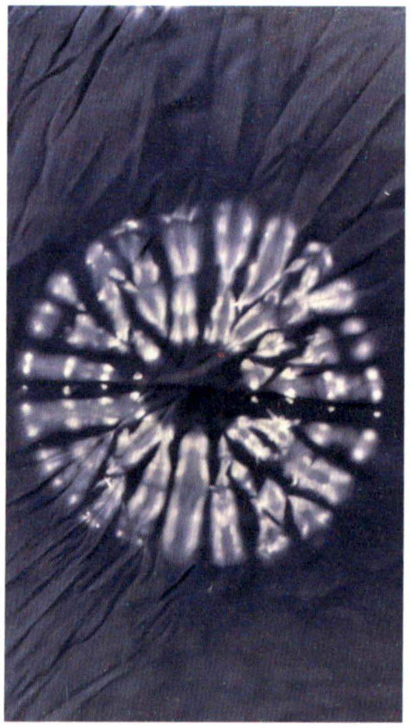

图8-2-11 扎染布料

图8-2-12 吴成冕、任若安、于毅《无衣》

图8-2-13 琚小烜《FUSE 融合》

4. 数字媒体设计

数字媒体艺术中的图形不再局限于平面，而是通过现代化技术和网络手段，实现了由静到动、由单一到多项、由空间到时空的转变发展。图形语言在数字媒体艺术中达成了时间、动态以及空间上的拓展。在数字媒体技术背景之下，信息更多地依靠图形进行可视化呈现。图形化信息具有其自身的优势，能够处理繁复的数据信息，增强信息的可读性，对人们的认知方式也会产生一定的影响和改变（图8-2-14、图8-2-15）。

基于网络传播环境的发展，动态化的图形语言成为数字媒体设计中不可或缺的内容。动态媒介相较于报纸、书本等纸质媒介更具信息传达的优势，与纸质媒介中的静态图形相比，动态化图形能够与观众产生互动交流，形成更强烈的视觉吸引力。图形变化的交互性是动态交互设计的重要目标，在交互过程中，动态化图形改变了以往的信息传达方式，使图形能承载更多信息内容，也能使图形所表达的内容更加清晰可读。

除了视觉上的反馈外，数字媒体设计还可以带来指令上的图形反馈，链接、互动都会对图形语言提出新要求。以web端的页面设计为例，当使用者的鼠标位置发生变化时，页面中的图形也会相应进行改变。其中最基础的动态交互是鼠标指向的图标产生颜色或大小的变化，观者感知到图形或图案的变化，经过大脑加工后得到信息，这一过程被称为“图形变化的交互方式过程”。随着技术的发展，更多样式与种类的图形交互出现，使得人们在行使指令后得到对象足够多的视觉反馈，不仅满足了人们在视

图8-2-14 华纳兄弟电影公司片头

图8-2-15 国家电影局片头

觉上的美感需求，还顺利实现了人机交互与信息传达。

数字化显示的字体与印刷字体也有很大不同。当观者品鉴一幅传统印刷字体设计作品时，该作品完整地呈现在面前，观者的阅读方向和欣赏时间不受限制，但观看数字化动态字体时，时间维度的重要性便体现出来，观赏时间不再是一条无限延伸的线，而是一个有始有终的变化区间，并且随着时间的改变，图像的形态、性质等内容也会发生变化（图8-2-16、图8-2-17）。新颖的动态图形不仅可以形成一定的运动视觉流，改变人们以往的视觉审美经验，还能抓住观者的注意力，起到涤荡心灵的效果，并成为一种跨文化和心灵沟通的表达手段，被不同语言文化的人们所理解。

图8-2-18是一部简短的公益动画片，该动画通过动态图形展现明星过劳死、丑化模特以及垃圾分类这三个故事，讲述主人公从同情到义愤填膺再到理解支持的内心转变，旨在呼吁人们不再只为满足自己的虚荣心而空喊口号，而是真正采取实际行动来改变现状。

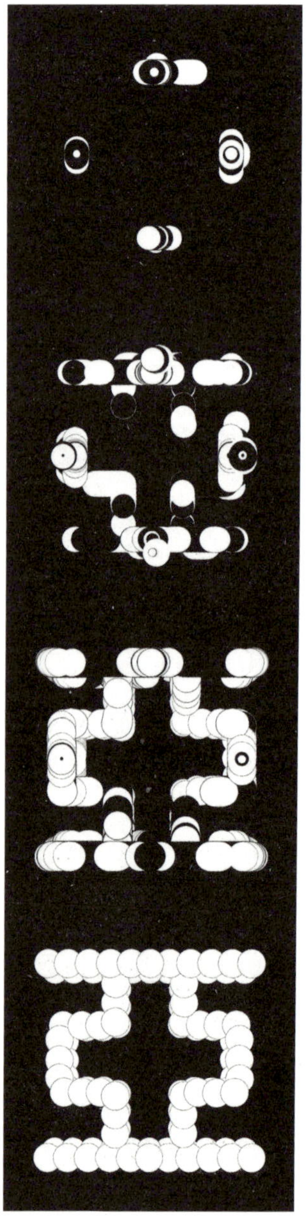

图8-2-16 Ting-An Ho 动态字体作品

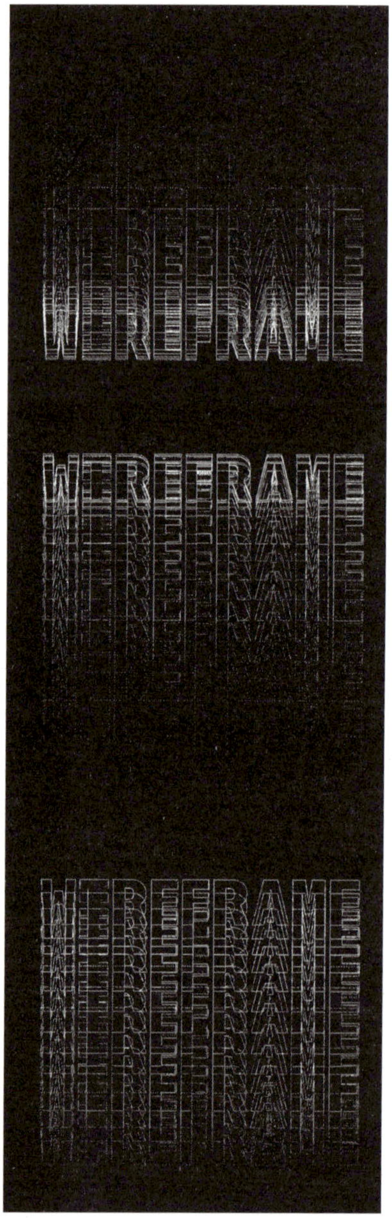

图8-2-17 Federico Leggio 动态字体作品

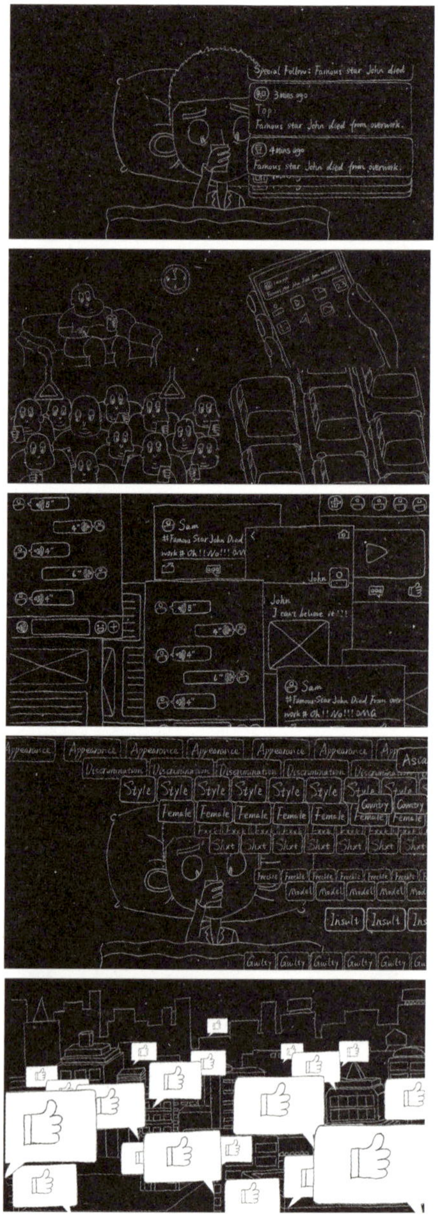

图8-2-18 黄震宇《懒人行动主义》

参考文献

[1] 李铭. 视觉原理 [M]. 北京: 世界图书出版公司, 2012.

[2] 王伯敏. 中国绘画通史 [M]. 北京: 生活·读书·新知三联书店, 2018.

[3] 薛恩伦. 解构主义与动态构成: 建筑造型与空间的探索 [M]. 北京: 中国建筑工业出版社, 2019.

[4] 瓦西里·康定斯基. 点·线·面 [M]. 罗世平, 译. 上海: 上海人民美术出版社, 1988.

[5] 田自秉. 中国工艺美术史 [M]. 上海: 东方出版中心, 1985.

[6] 郭雅冬. 构成基础 [M]. 北京: 清华大学出版社, 2010.

[7] 鲁道夫·阿恩海姆. 艺术与视知觉 [M]. 滕守尧, 朱疆源, 译. 成都: 四川人民出版社, 1998.

[8] 于凯. 版式编排设计与实战 [M]. 北京: 清华大学出版社, 2015.

[9] 文卫民, 李莉. 现代编排设计 [M]. 长沙: 湖南人民出版社, 2011.

[10] 李明娟. 图形语言 [M]. 杭州: 中国美术学院出版社, 2012.

[11] 李渝. 动态图形设计 [M]. 重庆: 西南师范大学出版社, 2017.

[12] 魏志成. 动态图形设计初步 [M]. 北京: 化学工业出版社, 2017.

[13] 陈莹, 李春晓, 梁雪. 艺术设计创造性思维训练 [M]. 北京: 中国纺织出版社, 2010.

[14] 约翰·阿代尔. 创造性思维艺术 [M]. 吴爱明, 陈晓明, 译. 北京: 中国人民大学出版社, 2009.

[15] 葛露. 图形创意设计 [M]. 北京: 化学工业出版社, 2012.

[16] 尹定邦. 图形与意义 [M]. 长沙: 湖南科学技术出版社, 2001.

[17] 任莉, 庞博. 图形创意 [M]. 北京: 中国建筑工业出版社, 2012.

[18] 郭庆光. 传播学教程 [M]. 北京: 中国人民大学出版社, 1999.

[19] 鲁道夫·阿恩海姆. 视觉思维 [M]. 滕守尧, 译. 成都: 四川人民出版社, 1998.

[20] 董传超. 图形语言的创意与表现 [M]. 北京: 清华大学出版社, 2016.

[21] 吴甲丰. 西方写实绘画 [M]. 北京: 文化艺术出版社, 2005.

[22] 王其钧. 中国民居. [M]. 北京: 中国电力出版社, 2012.

[23] 约翰尼斯·伊顿. 设计与形态 [M]. 朱国勤, 译. 上海: 上海人民美术出版社, 1992.

[24] 李冰, 吴晓慧. 书籍装帧设计 [M]. 北京: 清华大学出版社, 2011.

[25] 柳林, 赵全宜, 明兰. 书籍装帧设计 [M]. 北京: 北京大学出版社, 2010.

[26] 曾红. 服装设计 [M]. 南京: 东南大学出版社, 2006.

参考网站

［1］ 设计竞赛网

［2］ 站酷网

［3］ 中华珍宝馆官方网站

［4］ 故宫博物院官方网站

［5］ 甘肃省博物馆官方网站

［6］ 加勒里克斯在线博物馆官方网站

［7］ 靳埭强设计奖官网